スマートシティはなぜ失敗するのか

都市の人類学

シャノン・マターン
Shannon Mattern

依田光江 訳

ハヤカワ新書 034

A CITY IS NOT A COMPUTER

Other Urban Intelligences

by

Shannon Mattern

Translated by
Mitsue Yoda

First published 2024 in Japan by
Hayakawa Publishing, Inc.
This book is published in Japan by
arrangement with
Princeton University Press
through The English Agency (Japan) Ltd.

目次

訳注は〔　〕内に小さめの字で記した。

序章
都市とツリーとアルゴリズム

「都市はツリーではない」。建築家のクリストファー・アレグザンダーは一九六五年、キャリア初期に書いた同名の論文のなかで宣言した[1]。抽象的な都市構造として、階層状のツリー（木構造）と、互いに重なりあった要素を含むセミラティス（網目状構造）とを対比させ、都市はツリーではないと考察したのだ。「有機的な」セミラティスの都市は「複雑な織物」であり、「長い長い年月をかけて、おおむね自然に成長」してきた構造をもつ。分厚く、頑丈で、しかも繊細だ。一方、ツリー状の都市は構造が単純で、目的によって区域分けされた地域にせよ、社会ネットワークや交通路線にせよ、都市の構成ユニット間の重なりがきわめて少ないことが特徴だ。著名な例のひとつは、建築家ルシオ・コスタが手がけた、ブラジルの首都ブラジリアの都市計画だろう。中央を走る巨大な軸でふたつに分かれ、それぞれに一本の主要幹線と、平行に走る複数の補助幹線がある典型的なツリー構造になっている（図1）。アレグザンダーは、ツリーは、「人工の」都市の特徴的なかたちであり、「デザイナーやプランナーによって綿密につくられ」、「整然さと秩序への強烈な欲望」を反映してい

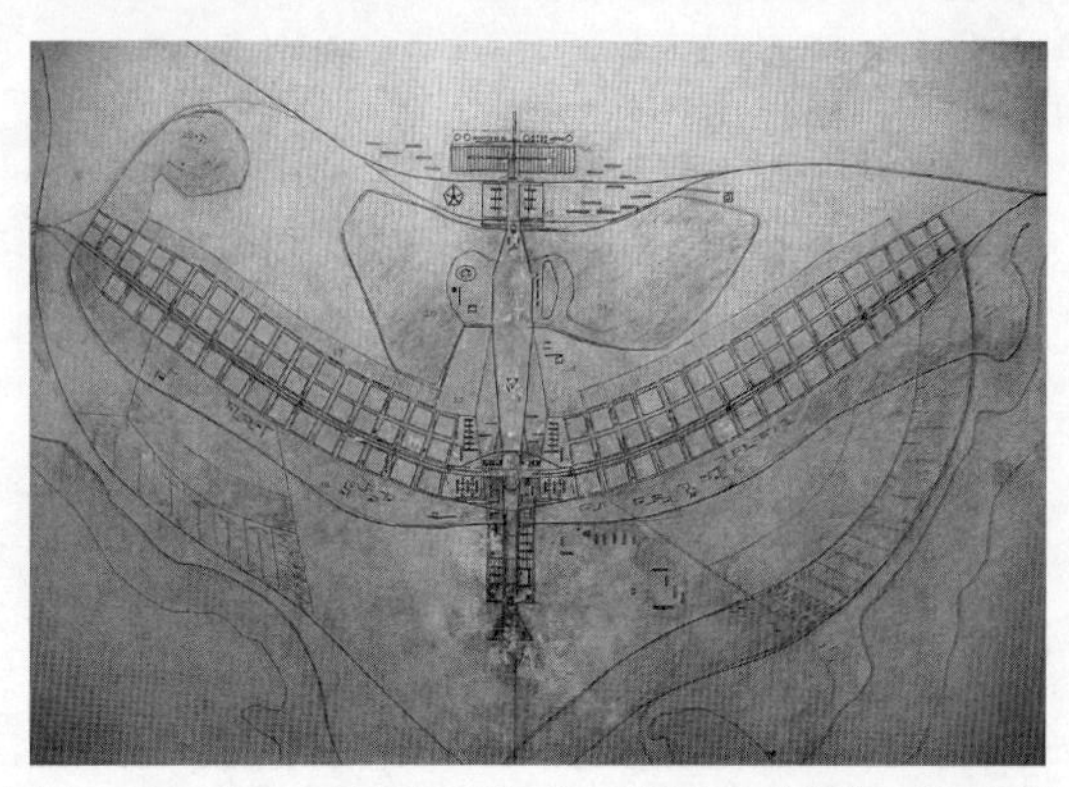

図1.　ルシオ・コスタによるブラジリアの計画案、1957年。

ると述べた。上述のアレグザンダーの著作よりも数年早く発表された、ジェイン・ジェイコブズの『アメリカ大都市の死と生』（山形浩生訳、鹿島出版会、二〇一〇年）でも、都市の基本計画（マスタープラン）には人間性よりも形式主義を優先し、人間の多様性と自発性を、標準化と均質化をつうじて管理しようとしている傾向があると批判している。[2]

アレグザンダーは「有機的な」形態に興味をもっていたが、「世界を、とくに世界の建築構造を、生き生きとした人間らしさや、生態学（エコロジー）から見た奥深さがあり、無機質な物理構造にとどまらない営みを育（はぐく）めるようにしていくうえで、コンピューターが中心的な役割を果たす」という未来を想像していた。[3] 多くのプログラマーが、アレグザンダーの「パターン・ランゲージ」に触発されている。また、彼の業績はコンピューター・ソフトウェアの「デザインパターン」開発、「有用なセミラティス構造に組みあわせることのできる、再利用可能なモジュラー式コード片」を活用するオブジェクト指向プログラミング、ウィキペディアの協働型編集プラットフォームに影響を与えた。[4] とはいえ、プログラミングにはツリー構造も多数ある。データは一般に、頂点にルート（根）ノード、末端にリーフ（葉）ノードがあり、親ノードと子ノード（家系図になぞらえている）が階層状につながるツリー構造を形成する。こうしたツリーの枝は「接ぎ木」することができ、「枝の剪定（せんてい）」によって、実行されないコードを排除することができる。ソフトウェア開発のバージョン管理システム〈ギットハブ〉では、ユーザーは「ブランチ」（枝）を作成してメインのコードベースとは別のところで変更作業をおこない、のちに、ブランチをマスターと「マージ」（統合）することができる。[5]「デシジョンツリー」（決定木）は、多くの機械学習アプリケーションの基礎となっている。

コンピューティング（コンピューター処理）と都市計画の両方において、ツリー構造の言語は、形式に則（のっと）っていて、扱いやすく、系図的であり、政治的、知識論（認識や理解のプロセスについて考察する学問領域）的である特徴を併せもつ。このような樹木をベースにした比喩は、データモデルや都市計画にマッピングされ、形式的な論理を具現化し、導出プロセスを記述し、接続のプロトコル（通信規約）を決定し、制御の階層を確立する。また、プログラマーやプランナー、運用管理者や一般の人たちが、コンピューターや都市が何であり、どのように機能し、特定の権力構造や知識構造のあり方をいかに体現するかについての理解をかたちづくる。

アレグザンダーが思い描いたとおり、都市とコンピューターはたしかに融合を果たしたが、彼が望んでいたようなセミラティス構造には必ずしもなっていない。現代のデザイナーやプランナーは、近代の基本計画（マスタープラン）に見る「ツリー状の都市」の思慮の足りなさや傲慢さを克服して進化したとされているが、それでもなお、全体主義的で秩序立ったビジョンには魅力があるのだ。今日では、マスタープランをマシンのなかに昇華させ、アレグザンダーの樹木的比喩を当てはめるためにアルゴリズムを設計図に接ぎ木している。私たちは徹底的なデータ収集、自動化された設計ツール、人工知能を備えた都市システムを介して、「整然さと秩序への強烈な欲望」を合理化しようとしている。「デシジョンツリー」を用いて「ツリー状の都市」を育んでいるのだ。

「スマートシティ」、データ駆動型プランニング、アルゴリズム行政などさまざまな呼び方がなされる、コンピューティングを活用したアーバニズム〔都市の生活様式の総体〕は、都市の新たな効率性と利便性の実現を約束している。たとえば、交通機関や物流システムをデジタル制御することで、通勤や、商品・サービスの配達はよりスムーズになる。センサーが空気や水の質を監視し、汚染や疾病の広がりを追跡することもできる。同様に、カメラ、データベース、スキャナーを組みあわせ、犯罪者を追跡して拘束し、街路の秩序と清潔さを維持することもできる。デジタルプラットフォームによって地方行政への市民参加が促進されるだろうし、もしかしたら、公平で透明な意思決定をアルゴリズムが下せるようになって、民主主義のプロセスに伴う煩雑さを補完できるかもしれない。市長室や地方自治体の各種機関と協力関係を結び、官僚機構に革新的な自動化システムを導入したがっている民間企業は多い。だが、自動化システムは公平なはずだから人間の労働や審議のプロセスから非効率や偏見を排除してくれると期待しても、自動化システムも結局は、階層状のツリー構造のように、コード化された不平等や偏ったロジックを押しつけてくることに変わりはない。自動化システムが目指すのは、技術万能主義のもとで経営思想と公共サービスのイデオロギーを融合させ、市民を「消費者」や「利用者」として再プログラムすることだ。都市デザインや行政を、アルゴリズムとインタフェースのフィルターにかけようとすると、「コンピューターでは計算できない」厄介で雑然とした懸案事項は除外される傾向にある。その結果、都市について知りうること、知る価値のあることはすべて画面上で把握できると感じてしまいがちだが、これは錯覚にすぎない。

都市計画でもコンピューティングでも、ツリーのロジックが依然として根強いのは、私たちが頭のなかに描きやすいからだ。家系図、知識分類、組織図など、何かの組織を論理的に扱うさまざまな場面でツリーが用いられている。[6] 社会学者のエイドリアン・マッケンジーは、機械学習をデシジョンツリーでモデル化すると、計算プロセスを可視化しやすく、したがって理解しやすくなると説明している。ただし、その理解しやすさの代償として、「相違点の示し方がきわめて限定的」になり、分類の「純粋性」が過度に強調されてしまう。[7] アレグザンダーは、ツリー状の都市の図をいくつか提示しているが、セミラティス構造の都市の「プランやスケッチを示すことはまだできていない」と認める。その理由はおもに、都市を特徴づける重なり合いや可変部、非公式さが、図表という表現方法に、さらに言えば、枝分かれ思考に慣れた人間や機械によるモデル化に適合しにくいからだ。だからこそ私たちは、いまもツリー状の都市を育てようとするのだろう。アレグザンダーは警告する。「ツリーの観点から考えるということは、生きた都市の人間らしさと豊かさを、デザイナーやプランナー、行政当局、開発業者だけが恩恵を得る概念上の単純さと引き換えに捨てることにほかならない。都市の一部が切りとられ、そこにあったセミラティス構造の代わりにツリー構造があてがわれるたびに、都市の内部は分離のほうへ進んでしまう」。都市の内部を切り離す行為は、大きい場合もあれば小さい場合もある。大きいほうの例としては、都市の「再生」に先立って起こる強制移住や「スラム街の撤去」がある。ツリー状構造への置き換えは、目立たないかたちでじわじわと進むこともある。

接ぎ木

ニューヨーク市ではだいたい毎晩、地下鉄のどれかの路線が徐行運転をしていたり、まったく動いていなかったりする。その間、技師たちが、開業から一世紀以上経った古い地下鉄システムに新しい信号装置を設置するために暗いトンネルのなかを這っている。地上では、市の機関や民間の公益事業者や通信会社の作業員からなるチームが、かつて歩道の縁に並んでいた古い電話ボックスを撤去し、空いたスペースに新しいＷｉ‐Ｆｉキオスク（データ収集監視装置を兼ねる）を設置している。別の場所では、数十年分のレガシーな技術を載せた電柱に新しいカメラやセンサーが取りつけられる。自治体とそのパートナー企業は、都市の既存の土台や足場に二一世紀の「スマートさ」を接ぎ木しつづけている。

食料品店で見かけるブランドリンゴの多くが〈ハニークリスプ〉や〈クリムゾンディライト〉など、接ぎ木の産物であるように、「スマートアーバニズム」はそれ自体が目新しさと価値向上を示すブランドであり、「データ収集やネットワーク接続、管理強化」を目的に、モノや環境にデジタル技術を埋めこむという、一種の接ぎ木の産物である。[8] スマートな都市計画とは、栽培と工学のロジックを融合させ、犯罪が少なく、交通の流れがよく、あらゆるものの位置情報を追跡することのできる、つまり安全で効率がよく、復元力のある都市を築

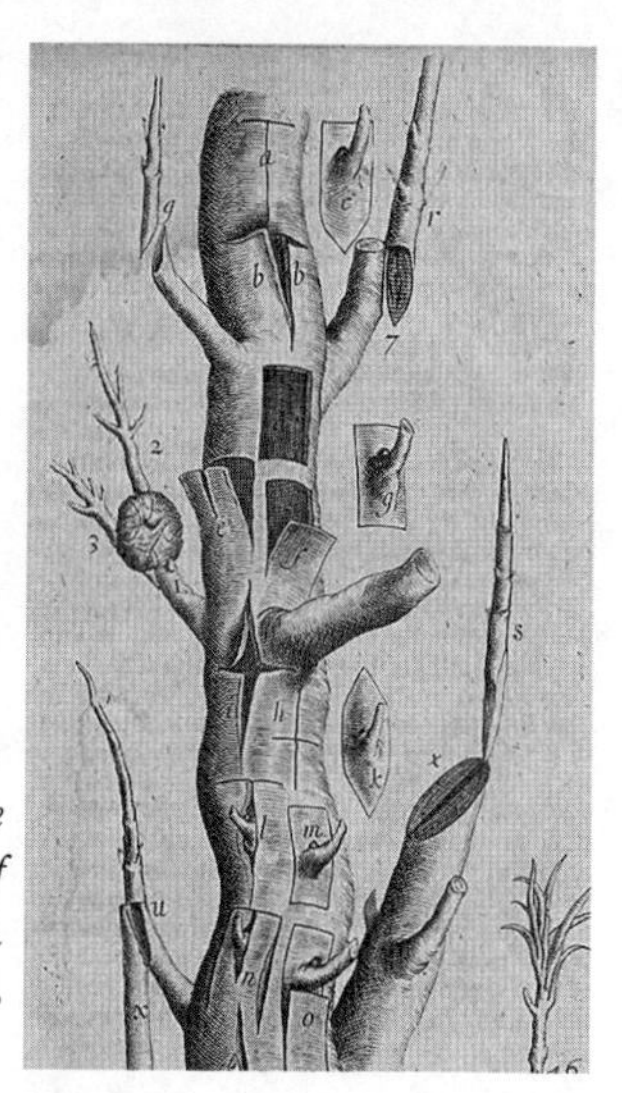

図2.　ロバート・シャーロック著『*The History of the Propagation & Improvement of Vegetables*』（野菜の繁殖と改良の歴史）、（Oxford: A. Lichfield, 1660）、p.70 挿入部分。

こうとするものである。これもまた、ツリー構造のロジックだ。

　似たようなロジックが現代の工業生産物や樹木の生産でも成立しているのはおそらく偶然ではなく、農業従事者は、より生産性の高い作物や新しい形状、色、味を求めて品種を掛けあわせ、実験と試作を重ねている。この場合の接ぎ木は、サプライチェーンに沿った迅速な商品化に適し回復力に長けた作物を生みだすことを目的としている。ツリー状の都市と果樹農園のどちらにおいても、接ぎ木のプロセスは似ており、望みの品種の穂木が台木に接ぎあわされるのだ（図2&図3）。理想どおりに進めば、やがて穂木と台木の維管束組織が癒合していっしょに成長し、丈夫で病気に強い品種が生まれ、純粋な近種よりも

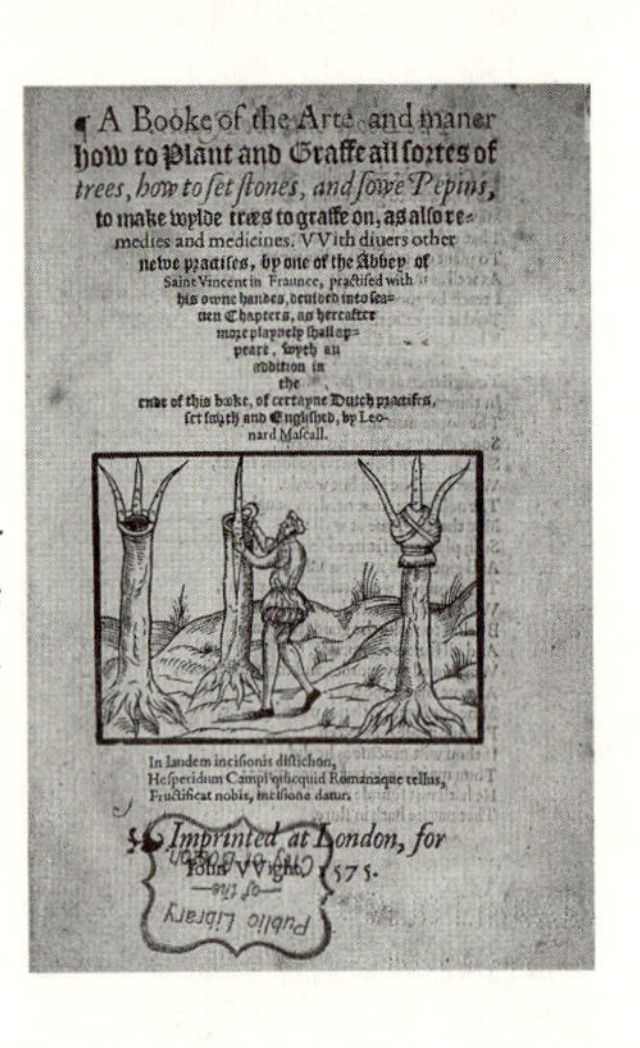
A Booke of the Arte and maner how to Plant and Graffe all sortes of trees, how to set stones, and sowe Pepins, to make wylde trees to graffe on, as also remedies and medicines. VVith diuers other newe practises, by one of the Abbey of Saint Vincent in Fraunce, practised with his owne handes, deuided into seauenteen Chapters, as hereafter more playnely shall appeare, wyth an addition in the ende of this booke, of certayne Dutch practises, set forth and Englished, by Leonard Mascall.

In laudem incisionis distichon,
Hesperidum Campi quicquid Romanaque tellus,
Fructificat nobis, incisione datur.

Imprinted at London, for John VVight. 1575.

図3.　レナード・マスカル著『*A booke of the arte and maner how to plant and graffe all sortes of trees*（以下略）』（あらゆる種類の樹木を植えて接ぎ木するときの技法と手順）（ロンドン：ヘンリー・デンハムとジョン・チャールウッドによる印刷、1575年）、表紙ページ。

はるかに若いうちからより多くの実をなすようになる。たとえば、実がより大きく、よりジューシーで、より早く育つ西洋ナシが手に入る。一方、監視技術とセンサー技術を接ぎ木した街灯の場合には、凶悪犯罪の検挙率の増加や、空気の質のより詳細なデータセットなどが「果実」として手に入るだろう。市民参加のためのプラットフォームや道路の陥没穴追跡アプリを接ぎ木した市政は、整備の質があがった道路という果実をもたらすかもしれない。

　接ぎ木は意地の悪い見方をすれば、日和見的であり、「不自然」で傲慢さもうかがえ、市場の要望に応えるため、あるいは特定の達成水準を満たすために自然を飼い慣らし、都合よく動かすことにこだわりすぎていると言えなくもない。だが、接ぎ木は創造（ポイエーシス）の一種であり、新しいものを生みだす生産であり、知識創造の一形態でもある。詩人や建築家、哲学者や預言者にとっては豊潤な比喩を感じとれることばだった。多くの思索家が、反復や翻訳や引用、模倣、転写、修正、実験、さらには異なる文化の混じりあい、文化の統合といった行為をつうじて、言語、思想、文化は接ぎ木されうると唱えている。[9] タルムード〔ユダヤ教の聖典のひとつ〕の何カ所かで、結婚は接ぎ木に喩(たと)えられている。学者と名家との婚姻は「質の高いぶどう品種を接ぎ木するのと同等である」とされ、一方、正式な許しのない婚姻は禁じられた種の混交に等しいとされる。[10]

だが、台木に穂木を接ぎ木するという具体的な作業でさえ、たんなる農業技術以上のものと長く考えられてきた。歴史的な例をいくつか見てみよう。古代ローマでは、接ぎ木は技(わざ)であり芸術だった。「農業実践の便利な手法のひとつ」であると同時に、詩人ウェルギリウスが書き残しているように、「可能性の限界を探る」ための自然を使った実験手段だった。[11] 古典学者のダンスタン・ロウによると、支配層にいたローマ人は「自分の名を冠した新種の果物を生みだしており、それらはグラニースミス〔一九世紀にオーストラリアで開発されたリンゴの栽培品種〕のいにしえの先駆けだった」という。古代ローマの博物学者、大(だい)プリニウスは、こうした品種——多くは実用的というより思索を深めるためのものだった——を「接ぎ木の独創性」の証(あかし)として称賛した。[12] それから長い年月を経た一六五四年、匿名の園芸愛好家が

「熟練した庭師（ガーデナー）、あるいは、必須の、秘密の、そしてふつうの知識を収めた論考」と題したガイドを執筆した。このガイドでも接ぎ木を、実用的でありながら、独創性に富み、しかも知的な作業と認めている。その実践者は技術的なスキルを磨き、科学的な知識を培い、哲学者マイケル・マーダーが示唆するように、哲学的な探求能力を高めていく。「接ぎ木は植物の生命の柔軟性と受容性、共生と変容の形成能力、固定のアイデンティティを犠牲にした他者への開放性を前面に打ちだす。その生命力そのものによって、元のアイデンティティは幻想にすぎないことが暴かれる[13]」

キルギスのクルミの森に暮らす現代の接ぎ木師もまた、さまざまな果実や花々を豊かに実らせたいという願望をもち、ときには、古代ローマの先人たちと同様に美的な興味に突き動かされている。ただし、地理学者ジェイク・フレミングが二〇一一年から一二年にかけて実施した接ぎ木の実践に関する民族誌的調査によると、こうした美的感性を追究するには人間と植物の調和も必要となってくる。接ぎ木師は「身体感覚」を、つまり「木の繊細な変化や個性を察知し、木のもつ柔軟性と生命力の源泉を共感的に理解できる能力」を備えていなければならない。マーダーが示唆するように、このような木とのかかわりは、生殖とアイデンティティの本質についての哲学的な問題を提起する。キルギスの接ぎ木師は植物の本体を、ダイナミックで繁殖能力があり、集合性をもち、形状の隅々まで複製能力を備えていると見なす。市場に出荷する果実を育てる商業果樹園での接ぎ木作業は、ルーチン化され、工業化され、台木の元の枝をできるだけ多く置き換えるように大規模化されているが、ジェイク・フレミングが観察した村では、人はごくわずかな介入しかおこなわず、木々が自律性を維持できるようにしている。接ぎ木の技をもつ彼らは、見守りと世話が木々から豊富なエネルギーを引きだすことを知っており、自分たちの行動はより大きな「道徳経済」（利益追求だけでなく、社会的・文化的・道徳的な価値観や規範によっても影響される経済）のなかで意味をもつことを理解している。[14]

つまり美的関心と経済的利益が、哲学・倫理的なものに接ぎ木されている。ここには知識をめぐる政治もある。ジェイク・フレミングが話を聞いた村人たちは、接ぎ木を意味する伝統的なキルギス語の「キーシュトゥル」（「切り離す」の意味）を使う代わりに、「ウラ」（「端と端を合わせて長くする」の意味）を使っており、慎重に意図された、相互主体的なすりあわせがあることを示唆する。民族のことばは、民族知識と見なされるものを適切に表現している。接ぎ木師たちはその技術を父祖から学んだと誇らしげにフレミングに語り、とくに秀でた腕をもつ者のことを、国家や市場によって認可されたものよりも優れた知識をもった、「学位のない名人」と呼んで称える。技の秘密主義と控えめさは、いまだソビエト時代の階級組織の統治を引きずるこの森で、規制から逃れるのに役立っている。ジェイク・

フレミングの研究にここで字数を割いたのは、このような栽培の実践を通して、特定の倫理観や政治観を具現化する感性、スキル、知性が構成される過程を知ることができるからだ。都市デザインについてもおなじことが言える。

接ぎ木の場所

同様に、原始的で寛容な特性をもった接ぎ木の概念は、街路樹の再生や都市のセミラティス構造の構築に臨むときに、別の視点をもつ助けとなるかもしれない。このようなアプローチは、都市とは何か、どのように築かれるのかという存在論的な問いを提起する可能性がある。また、都市の構築に必要とされ、都市そのものに体現されている、想像力、創意工夫、技能、身体感覚、蓄積された知恵などによる「知る」方法についての知識論的な問いを投げかける可能性もある。接ぎ木された知性は、「スマート」なアーバニズムに内在する知識論を超えて、どのように優れているのか。都市の創造と維持にまつわる倫理や政治を考察する際に、接ぎ木はどのような知見を与えてくれるだろうか[15]。

私たちはまず、接ぎ木が長いあいだ、都市のありようの一部だったことを認識する必要がある。都市で繰りかえされてきた切断と融合が、セミラティスを特徴づける「複雑な織物」を構成する。住民が数世代以上にわたって住み続けてきた都市には、物的な歴史が幾重にも

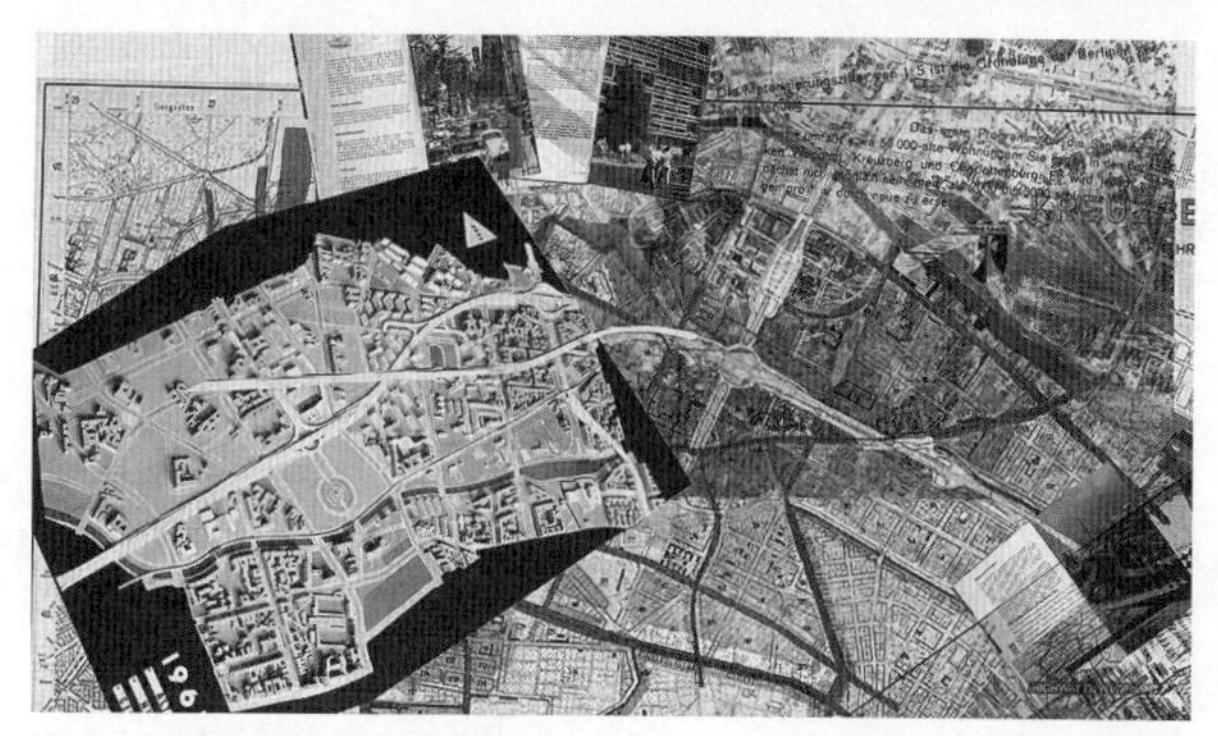

図4.　イブ・ブラウ、ロバート・ピエトルスコ、イゴール・エクシュタイン、スコット・スミス、「Urban Intermedia: City, Archive, Narrative」（都市の媒介物：都市、記録保管庫、物語）より。このプロジェクトでは、異なるメディア形式が異なる知識論をどのように体現し、それらの並置が都市の歴史の接ぎ木構造をどのように明らかにするかを考察する。

重なり、傷跡も残る（図4）。インフラは別のインフラに接ぎ木されてきた——線路に沿ってケーブルが敷かれ、道路の下に配管が埋設され、歩道はハイウェイへと拡張されてきた。都市の外観には、境界線を示す標識や公的告知、商業施設のシンボルマークなどがあしらわれている。長い歴史のなかで大国に侵略されたり、植民地化されたりしながらも生きつづけてきた都市には、接ぎ木のように複雑な出自をうかがわせる建築物や変形した都市計画が残っており、もつれたルーツや組み換えた遺伝子コードのような都市の交雑した系図を見ることができる。

「接ぎ木」（graft）という用語は、ギリシャ語のgraphein（書く）に由来する。都市もまた、このような文字どおりの意味で接ぎ木された存在である。さまざまな言語が交ざりあったパリンプセスト〔羊皮紙などの古い文書を消して再利用したもの〕であり、コードや活字や設計図が幾重にも重なっている。最初期の大規模な定住地であるウルクやチャタル・ヒュユクまで系譜をさかのぼると、都市がいかに昔から、法典や銅線ケーブル、アルゴリズムとアンテナ、公式声明とシステムプロトコル、粘土板と陶活字など、公示と記述や伝達、保管のさまざまな方法を調和させてきたかがわかる。[16] アーカイブ（記録保管庫）や図書館、博物館で目にすることができるこのような物的な媒体変換と写し取りは、記号の接ぎ木でもある。文字と信号のあいだの翻訳や引用であり、それぞれが知識を独自のかたちで具現化している。

植物の接ぎ木が、ルーチン化された工業的規模で実践されることもあれば、小規模でひとつずつ丁寧におこなわれることもあるように、今日の都市の接ぎ木にもさまざまな形態がある。たとえば、既存の地形に「スマート」な技術を取りつけたり注入したりするような増分的で分散的な継ぎ足し、あるいは、開発業者が野心いっぱいに「スマート」地区の開発を推進したり、産業用地や未開発地に都市を丸ごと計画したりするような「工場型都市」もある。後者のケースでは、園芸の接ぎ木から教訓を得ておけば避けられたはずの失敗が頻発している。低すぎる位置で接ぎ木すると、土壌の病原菌に対する感受性が高くなってしまう。また、穂木が独自の根を張ることがあり、そうなると病害から身を護れなくなる。穂木の免疫は台木が蓄積してきた免疫に依存するからだ。だが、工業的強靭さに裏打ちされて自信にあふれた都市の「接ぎ木」師たちは、都市の「台木」を根に近い位置で切り離し、都合の悪い先例は捨て、過去の遺産を消し、先住民やコミュニティ、さらにはそれ以前の生態系がもっていた知恵を軽視しがちだ。現代の「都市実験場」で試掘に励む人たちはまっさらな石版から「スマート」に都市を開発しようとするあまり、それまでその地にあった基盤を根こそぎにし、経験によって得られた免疫と歴史が積み重ねてきた防御力を放棄してしまうのだ。[17] 人類が綿々と営んできた接ぎ木の最新のバリエーションとなった都市空間の接ぎ木では、「インターネットから構築する」というスローガンのもと（第二章で取りあげる）、開発業者が都市や自然に元からあった台木を消したり無視したりして開発を進める。また私たちは新しい穂木にも警戒しなければならない。大手テック企業の一部は、既存の施設や公共空間に自社製の情報搾取的な技術を接ぎ木しようと、行政府との提携に意欲的だ。

接ぎ木は、保護やケアの一形態のこともあれば、搾取の一形態であることもある。生き物にとって、また倫理面から見て、穏やかに調和していることもあれば、無神経で計算高さばかりが目につくこともある。私たちは、都市の接ぎ木が多層的で入り組んでいることを認識し、切断と融合の背後にあるストーリーを見きわめ、接ぎ木の技術の倫理面と政治面を理解する方法を学ばなければならない。アレグザンダーが言うように、いまいる場所に根づかせ、強靱にする存在である「台木」を私たちは護らなければならない。同時に、先人たちが粘土板にコードを、土にデータを、鉱石にエーテルを接ぎ木してきたことで、「有機的な」都市の、分厚く、頑丈で、しかも繊細なセミラティス構造が生みだされたことを知っておこう。

「都市はツリーである」「都市は接ぎ木である」「都市はコンピューターである」。こうした比喩は当然ながら簡略化されたものだが、全体像を見通すレンズというよりも、ある一部分を一時的に切りとった像だと認識し、互いに連係させ、三角測量のように他の立ち位置を把握していくことで、プリズムのような都市の複雑さを明らかにすることができる。都市とは「なんなのか」、どのようにつくられ、管理され、維持されているのか、そしてその作業や物質としての都市そのものにどのような知性が反映されているかについて考察するときのさまざまな視点を示唆する。本書『スマートシティはなぜ失敗するのか』のなかで著者の私は、アーバニズムの「スマート」なコンピューティングモデルは、都市について知りうることや、知る価値のあることについての理解を貧しくしていると主張する。このあと見ていくように都市は、地域や土地に基づいて何世代も受け継がれてきたさまざまな形態の知性や知識機関（大学、図書館、博物館、研究所、アーカイブなど）を無数に包含している。これらはますます普及していくアルゴリズムモデルを補ううえで欠かせない要素であり、貴重な是正機能を果たす。

こうした議論を展開するにあたり、私は建築やアーバニズムの季刊誌《プレイス・ジャーナル》に二〇一二年以降に寄稿した記事を本書に接ぎ木し、同時に新たな分析の枝も取りいれた。「スマートシティ」は過去一〇年間、盛んに研究がおこなわれてきた分野だ。マイケル・バティの『*Cities and Complexity*』（都市と複雑性）、マーク・シェパードの『*Sentient City: Ubiquitous Computing, Architecture, and the Future of Urban Space*』（感性の都市：ユビキタス・コンピューティング、アーキテクチャ、そして都市空間の未来）、アンソニー・タウンゼントの『*Smart Cities: Big Data, Civic Hackers, and the Quest for a New Utopia*』（スマートシティ：ビッグデータ、市民ハッカー、新しいユートピアの希求）、アントワーヌ・ピコンの『*Smart Cities: A Spatialised Intelligence*』（スマートシティ：空間化された知性）、サイモン・マービンとアンドレス・ルケ・アヤラの著作と論文、ロブ・キチンの都市とデータに関する共著書多数、アダム・グリーンフィールドの『*Against the Smart City*』（スマートシティへの対抗）は、さまざまな切り口から都市を論じ、この分野の堅固な台木を形成している。彼らの仕事が貴重であることはたしかだが、彼らが植樹を手伝った分野は以降もずっと、白人男性によって支配されてきた。[18] オリット・ハルパーンとローラ・フォルラーノは少数派ながら女性研究者として貢献している。[19] ジャーメイン・ハレゴアは最近、二冊の著作を世に送りだした。『*The Digital City: Media and the Social Production of Place*』（デジタルシティ：メディアと場所の社会的生産）と、スマートシティについての既存の研究成果と中心的なテーマのコンパクトな「解説書」である『*Smart Cities*』（スマートシティ）だ。これら二冊にはスマートシティが都市の問題を解決できるのか、できるのならどのように対処するのか、スマートシティは新自由主義のイデオロギーをどのように体現するのか、スマートシティの開発モデルは基礎から最上位まですべてを扱うのか、それとも既存の都市に後づけで接ぎ木するのか、デジタル版市民参画のモデル、スマートな都市ネットワークの制御センターとノードを構成するさまざまな技術などについて書かれている。[20]これらのすばらしい業績を私がここで繰りかえす必要はないし、そのつもりもない。一〇年以上にわたり、同様のテーマで論文を書いてきた私だが、率直に言って、「スマート」ということばにうんざりしているところがある。どんな場面にでも入りこんできて大きな顔をするところも、見栄えのいいことばで煙に巻こうとしているところも、そして不動産開発や「技術による解決至上主義（テクノソリューショニズム）」、新自由主義とのいいかげんな関連づけにもイライラしている。したがって私は、本書ではこのことばをできるだけ使わないようにするつもりだ。

　本書では、私自身による研究も含めた既存の都市研究の多くに、批判的データ研究、批判的アルゴリズム研究、メディア研究、批判的人種研究、ハンディキャップを抱えた人の研究、環境人文学などの新しい研究を接ぎ木していく。これらの学問分野はどれも、スマートシティの「スマート」とは何なのかを問うための貴重な方法論的および知識論的な問題を提起する（「スマート」は使いたくないとさっき書いたばかりだが、完全に避けるのはむずかしい）。植物の接ぎ木がどう進んでいるかがつねに見てわかるとはかぎらないように——実が成って初めてわかる——、それぞれの研究成果を後続の章で必ずしも明示的に言及するわけではないが、根本にある批判的および倫理的な感性は、私の研究の台木を構成するものであり、メディア学、図書館情報学、思想史、人類学、科学技術論、地理学、建築と都市にまつわる歴史と理論、デザイン学に加え、創造的な表現・活動のためのテクノロジー、社会的・倫理的な影響を踏まえたエンジニアリング、シビックテック（市民がテクノロジーを活用して行政や社会の課題を解決する取り組み）、そしてさまざまなデザイン分野の実践を結集している。

本書ではなるべく非西洋の事例や応用例を取りいれようと努めたが、既存の文献や私自身のフィールドワークが特定の地域に重点を置いてきたため、本書は依然として北米中心の記述となっている。筆者としては本書で述べる教訓が他の地域でも役立つことを願う。ただし、このような他地域への「接ぎ木」では、現地の文脈を考慮する必要がある。メディア専門家ヤンニ・ルーキサスの研究に、特定の地域がそれに由来するデータセットの形成に影響する様子が示されている。「すべてのデータは局地的であり」、「その地に複雑に絡みあっている」とルーキサスは指摘する。[21] 地理学者のアヨナ・ダッタは、南半球の開発途上国に見るデジタルアーバニズムの特異性を知り、都市とテクノロジーがジェンダー体験を形成していく過程に注意を払うよう促している。[22]『*Data Feminism*』（データフェミニズム）の共著者である技術批評家のキャサリン・ディグナツィオと文学研究家のローレン・F・クラインのふたりは、データの収集、分析、表現といった作業に、交差性フェミニズム〔性別にとどまらず、さまざまな社会的属性が重なりあった状況において性差別や抑圧に対する理解や取り組みを推進しようとするフェミニズムのアプローチ〕をデータ処理に注入、すなわち接ぎ木することを推奨する。前述したように、スマートシティの開発とその批判は圧倒的に男性中心の文化で進んでいるため、フェミニズムの視点を取りいれることで、データ化された領域のなかにアイデンティティや権力、そして正義がどのように絡みあっているかが理解しやすくなる。[23]『*Building Access*』（アクセスしやすさの構築）の著者であり、女性および障碍をもつ人たちの研究者であるアイミ・ハムライエは、人工的に建築された環境や育成された自然環境について同様の問いを投げかけている。ハムライエは、「すべての人にとってよりインクルーシブな世界をデザインするというプロジェクトは、『知る』ことと『つくる』ことの掛けあわせをつうじて形成されてきた」ことを検証しており、これは物的空間が知識体系を具現化するという私自身の関心とも共鳴する。[24] そのインクルーシブな世界には、人間以外の種や未来の生命体も含まれる。より効率のいい未来の予測と実現にいかにフォーカスしていても、また、「スマート」で環境に優しいということにいかにリップサービスを重ねようとも、デジタルアーバニズムは必ずしも、自らのデータと電力依存が環境に与える影響に正面から向きあっているわけではない。こうした懸念について考えるとき私は、数多くの環境人文主義の専門家たち、とくにイングリッド・バーリントン、ギョクチェ・グヌル、メル・ホーガン、マックス・リボワロン、ニコル・スタロシエルスキー、キャスリン・ユソフの業績からインスピレーションを得ている。[25]

コミュニケーションの専門家でありデザイナーでもある、サーシャ・コスタンザ゠チョックは、先に挙げた多くの研究に対して批判的な観点から広がりを加えている。交差性フェミニズムや障碍のある人の権利、インクルージョン（多様性の受けいれ）を尊重するのは他の研究者たちと同じだが、そのうえでコスタンザ゠チョックは、「設計の正義」の枠組みを通して都市の景観から活字の書体、技術にかかわるさまざまな物体やアプリまで、私たちはデザインにもっと広く深くかかわるべきだと唱える。「設計の正義」の枠組みとは、権力の不均衡がないか問い、「デザインの利益と負担のより公平な分配」と、多様なコミュニティがより意味のあるかたちでデザインの過程に参加することを目指すものだ。[26]公平でない状態とはどのようなものだろうか。後続の章であらためて紹介するルハ・ベンジャミン、シモーヌ

・ブラウン、サフィヤ・ノーブルは、人種的不正義の歴史が、監視装置や検索アルゴリズム、画像技術、収監設備など、現代のテクノロジーに組みこまれていることを指摘する。[27] バージニア・ユーバンクスは、人種差別も、それを含むさらに広範囲に及ぶ不公平なシステムも社会の土台に組みこまれていると主張する。「アルゴリズムや機械学習や人工知能のような最新のツールが、貧困者収容施設や科学的慈善事業、優生学など、以前から存在していた社会装置の上に構築されていることを、私たちは見ようとしない[28]」。現代の新しいテクノロジーは、腐った根っこの上に接ぎ木されているのだ。

これらの研究者たちは、深刻な状況を描きながらも、最終的には救済や抵抗、あるいは大変革のための戦略を提案することで希望を育もうとしている。彼らは、新しい世界――あるいは、人類学者アルトゥーロ・エスコバルのことばを借りれば複数の世界――へ、すなわちルーキサスが論じているような、共同体と地域性を重視する多元世界の方向へと社会を導いている。[29] 本書でも似たような旅に出発する。スマートシティの論理から出発し、よく見聞きするこの正統派の概念から徐々に離れ、都市の知性を理解し実現する別の方法へと進んでいく。まずは、都市にまつわるテクノロジーとコンピューティングモデルの知識論的、倫理的、存在論的な視点から見た活用方法とその影響を調べる。それらが都市に対する私たちの理解とかかわり方をどのように形成するのか、そして多くの場合、むしろ理解とかかわり方を強く制限する方向に作用するのはなぜかを問いたい。次に、接ぎ木師の技（わざ）から教訓を得つつ、知識論的・倫理的な立場の異なる都市を構成する制度やインフラをどう管理していけるかを考える。それは厚みがあってたくましく、細かい機微をもったセミラティス構造であり、その構造のなかで私たちは、地元に根づいた、共同意識に富む、物質や身体的な経験と密接に関連した知識創造の手段として、ネットワーク接続されたデジタルツールや人工知能を接ぎ木することができる。

第一章「都市のコンソール」では有形物——都市のダッシュボード——を取りあげ、そこから得られる教訓を提示する。ダッシュボードは、データ駆動型アーバニズムの方法論、知識論、政治を視認できるようにまとめた制御パネルあるいは汎用インタフェースを指す。ここには、スマートシティ内で測定・追跡可能なあらゆるものを記録し、追跡するティッカーやゲージ、フィード、ウィジェットが集められている。ダッシュボードを見ることで測定によって捕捉できるスマートシティのロジックが明らかになる。この章では、人工頭脳工学的（サイバネティクス）管理、飛行機、自動車のデザインを介してダッシュボードの歴史をさかのぼり、この全知の「コントロールルーム」の外観が文化面、技術面、都市の歴史面に照らしてどこにどのような起源をもつのかを掘りさげていく。最終的に私たちは、ダッシュボードは表に情報を見せるのと同じくらい、裏に隠しているという事実を知ることになる。ダイヤルやカウンターでの表示に適さず、アルゴリズム化やウィジェット化もしにくい都市の主体やダイナミクスは省かれてしまうのだ。この省略が「ダッシュボードによる統治」の限界を示す手がかりとなる。

続く第二章では、都市の知性の表し方としてダッシュボード以外に目を向ける。第二章「都市はコンピューターではない」はアレグザンダーのツリーモデルを基に、機械としての都市、有機体としての都市、オペレーティングシステムとしての都市など、都市の比喩の歴史を探索する。過去数十年にわたって多くのプランナーやテック企業がおこなってきた、都市をコンピューターになぞらえることの限界はなんだろうか？「コンピューティングに適さない」都市の知性とはどのようなものか。この章では、都市でおこなわれているが数字ではとらえきれないさまざまな知識管理、知識処理、知識保存の運用について、また、「情報処理」に落としこめない、他の形式の都市の知性や知識にまつわるインフラについても探究していく。

都市の知識を支えるインフラのうち、完全にはコンピューティング化できないもののひとつに公共図書館がある。公共図書館は、過去二〇年にわたって私の研究と実地での取り組みの中心テーマなのだが、スマートシティの専門家や開発業者の仕事では図書館はほとんど考慮されることがない。第三章「公共の知」では、知識インフラとして、同時に社会インフラとして機能している図書館を取りあげる。図書館はとくに、高度な技術を装備した都市の、すべてを見通す監視センサーやあらゆる情報を記憶するデータベースによって犯罪予備軍として扱われたり無視されたりする社会的弱者に、きわめて重要なサービスを提供している。天文学的な予算を金融情報の管理や市民を抑えつける仕組みに投じるのではなく、この社会が公共の知を尊重するとしたらどうだろう。そのような世界で図書館はどんな存在になるだろうか。この章では図書館が、デジタルにとらわれない聖域となり、信頼性のある情報を選りわける知識のフィルター、プライバシー意識の先導、市民データの保管庫、オープンアクセスの資料や公益技術の擁護者として、いかに重要で革命的な役割を果たすのか、また果たしうるのかを検証する。私は、スマートアーバニズムの論理と政治における目立たないが重要な存在として、またそれらからの聖域として図書館を位置づけたいと考えている。本書をつうじて伝えたいのは、スマートシティに住む人たちに図書館をもっと気にかけてほしいということだ。

第四章「メンテナンス作法」では、都市を良好な状態に保つために欠かせない、具体的でありふれた、けれどいちいち意識しにくい知恵について考察する。回転するハードドライブやケーブルの敷設、建物の外壁の塗り替え、橋の補修など、都市の可動部や機械的なサービスを維持するために、どのようなスケールのメンテナンスが必要だろうか。傷んだところに継ぎを当てたり、既存のものに何かを接ぎ木したりすることは、地域に根差した実際的な知恵の構築にどうかかわるだろうか。こうしたメンテナンスにかかわるメンテナンス実践者（メンテナー）やケア担当者——図書館員も含まれる——のスキルと感性がなければ、都市は、たとえそれがスマートシティであろうと、生き残ることはできない。

本書を通して、読者のみなさんに探索と分析に加わっていただきたい。あまり形式張らずに、またインクルージョンを促進するために、「私たち」（we）ということばをよく使うが、都市やテクノロジーに関して人のもつ経験も、知識のもちようや価値観も一律でないことは承知している。本書での「私たち」は、普遍化を目指しているのではなく、差異を招きいれ、包みこもうとするためのものだ。

第一章

都市のコンソール

二〇一〇年の春に度重なる洪水と地滑りで壊滅的な被害を受けたリオデジャネイロ市はその年の後半、市の新しいオペレーションセンターの立ちあげを大々的に発表した。当時のニューヨーク・タイムズの紙面にも、交通事故や降雨パターン、廃棄物収集、社会福祉、電源異常など、三〇以上の市当局から集められたデータを表示する無数の画面と、そのまえに立つIBM幹部の姿が載っている。記事を報道したテック系記者のナターシャ・シンガーは、この「大儲けの呼び水になりそうな実験」が、「世界中の都市の未来をかたちづくることになるかもしれない」と予測した。[1] 実際、リオ市の中枢を担うオペレーションセンターの画像は広く出回り、情報を集中的に管理しさえすればうまくいくという「ダッシュボードの夢」を国じゅうに掻(か)きたてた（図5）。

IBMがリオに機器を設置してまもなく、ロンドン市庁舎の市長室には、ブラジルのオペレーションセンターを映画監督テリー・ギリアムふうに味つけしたかのように、木製パネルに四×三列のiPadが並んだ。これらのiPadは、ロンドン大学を構成するカレッジの

図5.　リオ市役所のオペレーションセンター。

ひとつ、ユニバーシティ・カレッジ・ロンドンのバートレット校にある高等空間解析センター（ＣＡＳＡ）が作成した、Ｗｅｂベースの「タリスマン・シティ・ダッシュボード」を走らせていた。リオと同様、市のさまざまな機関から送られてくるデータは、ＣＡＳＡ自体のセンサー（ロンドンじゅうに張りめぐらされた監視カメラ・ネットワークもおそらく含まれている）が収集したデータで補強される。このダッシュボードは、ロンドンの現況だけでなく、市の情報発信源や大学のツイートなどをつうじて得た他市の状況や、地元のソーシャルメディア活動の情動分析に基づいた「幸福指数」も組みこんでいた。これらの情報源はロンドンの「脈動」を伝えるために採用されたものだった[2]（図６ａ＆６ｂ）が、今日では情報抽出の一部は凍結され、データフィールドの一部は休止状態にあり、安定性に欠けるデータフローや移り変わる技術に頼るこ

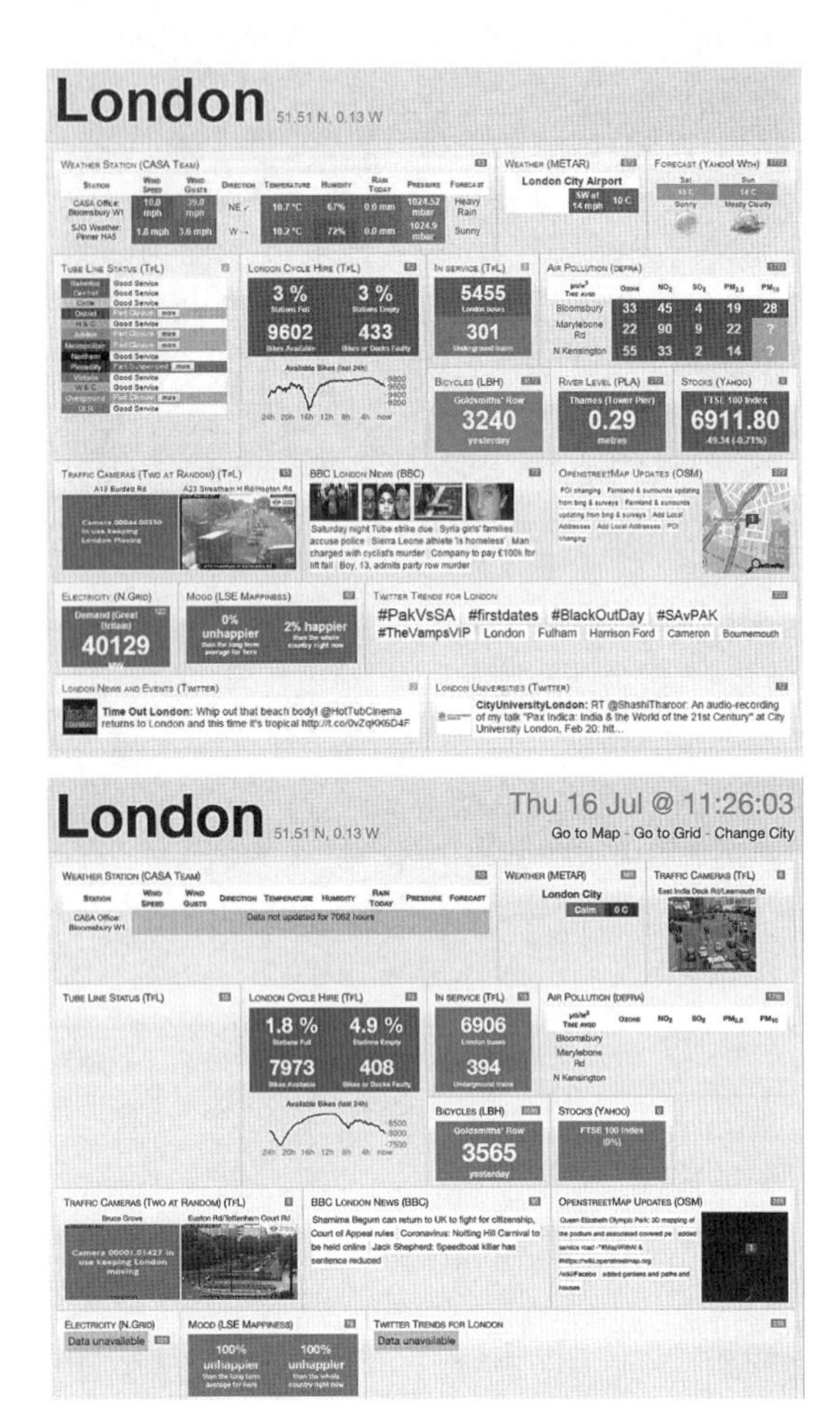

図 6a & 6b. 2014 年と 2020 年のロンドン市のダッシュボード画面（バートレット校の高等空間解析センターより）。

とのリスクを浮き彫りにする結果となった。

ロンドンのダッシュボードの名称にも使われていた魔除け（タリスマン）には、持ち主を護るパワーが備わっているとされる。有害な力を撥（は）ねのけ、安全で健康で幸福で繁栄した未来をもたらすと謳（うた）う。ただし、危険回避の目的であろうと、信仰に基づいて保持する場合であろうと、約束どおりの効果がつねに得られるとはかぎらない——呪文が効かないかもしれないし、「悪い気の浄化」や「よい気の充填」がうまくいかないかもしれないし、望む未来が到来しないかもしれない。現代の魔除けは、指輪や石としてではなく、ピカピカ光る画面として現れる。世界中の市庁舎やトレーディングルーム、管理室に配備された魔除けとしてのダッシュボードは、未来を予知し、望ましい世界を実現するための政策と実践方法を策定する目的でデータを集約しようとする。だが、こうしたハイテクでデータの詰まった魔除けにも、約束どおりの効果がつねに得られるとはかぎらないリスクがある——データ供給が止まるかもしれない、接続が切れるかもしれない、なんらかの異常によってマシンがダウンするかもしれない、アルゴリズムが誤作動するかもしれない、表示したあとになってデータがじつは偽物だったと判明するかもしれない。

　二一世紀の最初の二〇年は、「ダッシュボードによる統治（ガバナンス）」の時代だった。その先駆者となったのは、コンサルタント会社〈パーセプチュアル・エッジ〉の創業者で、「ビジュアル

・ビジネス・インテリジェンス」や「センスメイキング（意味づけ）」の概念を広く世に知らしめたスティーブン・フューたちだった。フューは、ダッシュボードを「ひとつまたは複数の目標を達成するために必要な重要情報を、一目で確認できるように単一画面にまとめて視覚化する表示方法」と定義している。彼によれば、優れたデザインのダッシュボード――人の美的感覚や認知の仕組みといった「脳科学」に基づき、ブレットグラフやスパークラインなどの視覚技法を適切に用いたダッシュボード――は、ユーザーの知覚能力を高め、ひいては全体のパフォーマンスも向上させる。よく練られたダッシュボードは、リアルタイムで何が起こっているのかの全体像と、過去の傾向に関する情報を併せて表示するため、ユーザーは「なぜ」「どのように」そうなったのかを理解し、将来にとるべき行動を選びなおせるようになる。[3]

フューが「Information Dashboard Design」（情報ダッシュボードのデザイン）というガイドブックの初版を出版した二〇〇六年は、起業家たちがソーシャルメディアと位置情報をベースにした多彩なアプリケーションの可能性を評価しはじめていたころだった。デザイン評論家のジョン・サッカラは、個々の建築物のエネルギー使用量や、都市や地域全体のエコロジカル・フットプリント〔人間の活動が環境に与える負荷を表す指標〕をモニターできる「グローバル・スプレッドシート」（地球環境のデータ表示を表す彼の用語）の市場の勃興を予測していた。サッカラは、ジュース・ソフトウェア、ノウナウ、ラプト、アーズーン、クローズドループソリューションズ、シービヨンド、クロスワールドなど、すでに登場していたダッシュボード企業の名を多数挙げている。こうした企業名には壮大なものが多く、まるで、データや尊大さやアンフェタミン〔中枢神経興奮作用をもつ薬剤〕が煽（あお）りたてる全知の特異点（オムニシエント・シンギュラリティ）のようだ。[4]

今日の私たちは、テック系スタートアップのとっぴなブランディングを、おもしろがりつつ懐疑的に（あるいはひたすら冷ややかに）解釈すべきであると知っているが、とはいえこうした企業名には、ダッシュボードのデザイナーが知覚を実際のパフォーマンスに、知識論を存在論に変換する仕事をしている事実が反映されている。[5] そこには、錬金術師めいた野心が見える。新しい現実というものを予測し、呼び寄せたがっている。ダッシュボードのデザイナーは、システムに関する情報をたんに表示するだけでなく、人間の分析者がそのシステムを変更するときに役立つ知見――何を重視するかは状況によって異なるが、根本の制度の効率性や安全性、収益性や気候変動への耐性などを改良するときに有用な知識――の生成をも意図している。今日の行政当局やテック企業のリーダーたちは、裏付けのない迷信ではなく、データと経験に重きを置きたいのかもしれないが、彼らのダッシュボードにはその根底に、昔からあった魔除けと同じく、結局は知覚したことをパノラマふうに表示しようとするツールや、分析をつうじて未来を予測しようとするツールへの依存がある（データ集約は「一種の宗教」になっていると言う識者もいるほどだ）[6]。大量のデータを簡単に利用できるようになり、都市の見方も都市を統治する方法も劇的に変わった。その変化は、都市のダッシュボードの歴史や美意識、政治力学を検証することで、より明確に見えてくる。

トレーディングルームから市庁舎へ

データ表示は、自動車や航空機の計器盤（ダッシュボード）を模倣することがよくある。自動車には速度計や燃料計、オイルランプがあるように、データ表示にはビジネスの「重要業績評価指標（KPI）」であるキャッシュフロー、株価収益率、棚卸資産などを示す欄がある。一九八二年に登場したブルームバーグ端末は、金融のプロたちがマルチスクリーン・ディスプレイをカスタマイズできるようになっていて、株式や確定利付き証券、デリバティブに関するリアルタイム・データとヒストリカル・データ、金融ニュースや時事ニュース（国際社会の暴動や自然災害は他国の経済にも影響する）のさまざまなウィンドウのほか、トレーダーが画面上を動くデータに文脈を与えるメッセージ・ウィンドウを備えていた（図7）。過去数十年、端末の複雑さは増す一方だった。特別仕様の入力デバイスやセキュリティ装置として、さまざまな種類の株式、証券、市場、指標用に色分けされたキーをもつ特製キーボードや、どのコ

図7．アメリカ金融博物館の金融市場コーナーに展示されたブルームバーグ端末の画面（2008年7月17日）。

ンピューターでもモバイルデバイス上でもユーザーを生体認証できるポータブルのB・UNITスキャナーなども組みこまれた。ブルームバーグのダッシュボードはもはや、かつての象徴だった二分割画面に固定されてはいない。トレーダーは多彩なデバイス上で、ダッシュボードの「環境」にアクセスできる。

ブルームバーグ端末はすぐに金融界を席巻（せっけん）したが、一般企業にダッシュボードが浸透するのには時間がかかった。スティーブン・フューの報告によると、一九八〇年代から九〇年代にかけての大手企業は、どういう指標に意味があるかとか、データをどのように分析すべきかをたいして考察しないまま、とにかくデータを大量に蓄積しようとした。二〇〇一年に破綻したエンロンの醜聞が企業カルチャーの転換点となったとフューは指摘する。大手企業の最高情報責任者（ＣＩＯ）たちは、企業倫理および説明責任におけるデータの役割を認識し、ダッシュボードによる全方位的な監視をついに受けいれるに至ったのだった。私はここでダッシュボードの受容が遅れたもうひとつの理由を追加したい。ダッシュボードが時代の精神（ツァイトガイスト）に浸透するには、そのまえに、データサイエンスという分野が認知され、データ主導で事を進めるときの方法論とデータの評価方法が組織文化に受けいれられる必要があったのだ。[7]

　新しい千年紀が近づくころ、ダッシュボード市場は企業の世界から市民生活の領域へと拡大し、おもに警察組織をつうじて、管理上のより広範な「説明責任」を求める声に応えはじめた。一九九四年、ニューヨーク市警の警察本部長ウィリアム・ブラットンは、元警官ジャック・メープルが作成したアナログの犯罪マップを基に、犯罪統計の集約と視覚化をつうじて犯罪削減を目指す戦略管理システム「コンプスタット」を導入した。同じころ、ノースカロライナ州シャーロット市の行政担当者たちは、あるビジネスアイデア――「バランス・スコアカード」として知られる、ロバート・カプランとデイビッド・ノートンの「総合的品質管理」戦略――を取りいれ、市議会が定めた五つの重点分野、すなわち、住宅と地域開発、地域の安全、交通、経済開発、環境の成果を追跡しはじめた。ジョージア州アトランタ市も独自のダッシュボードを作成するにあたって、シャーロット市の事例を参考にしている。[8]

　一九九九年、メリーランド州ボルチモア市のマーティン・オマリー市長は、犯罪率の増加と高い税率という逆風にさらされ、「指標を活用して市民への説明責任を果たすための内部プロセス」として「シティスタット」を開発した（このような、データの裏付けのある「組織内での説明責任」という言い回しは、市政のダッシュボード開発の歴史に広く見られるようになる）[9]。数年後、市はシティスタットのモニタールームを改修し、壁一面のスクリーンのまえに置かれた演壇に部局長が立ち、市長をはじめとする要職者へ向けて各局の業績を説明するようになった。このプロジェクトは、市政や市の状況に関する統計のウェブサイトを立ちあげたのをきっかけに市民向けへと転換し、その後、ワシントンＤＣの「ＤＣスタット」（二〇〇五年）、メリーランド州の「ステートスタット」（二〇〇七年）、ニューヨーク市の「ＮＹＣスタット」（二〇〇八年）に影響を与えた。二〇一二年にロンドンが市長用ダッシュボードを導入した際、当時のイギリス首相デービッド・キャメロンは、自身用にｉＰａｄアプリ「ナンバー10ダッシュボード」（首相官邸の所在地ダウニング街10番地にちなむ）を整備させ、そのダッシュボードをつうじて、金融、住宅、雇用、世論などのデータにアクセスできるようにした。翌年、セキュリティ上の理由から閣議でのｉＰａｄの使用が禁止されると、キャメロンはブラックベリーに乗りかえ、「スマートフォンからリモートで政府を運営できる」と発言している[10]。

　同じころ、ミシガン州知事のリック・スナイダーは、「政府の透明性と説明責任への継続的なコミットメント」を示す「オープン・ミシガン」構想を始動した。彼が立ちあげたミシガン・ダッシュボードは現在は廃止されているが、その初歩的なグラフィックデザインと大上段に構えた戦略からは、当時はあたりまえだった還元主義的な考え方〔複雑な事象や概念を、より基本的な要素から説明しようとする立場〕が見てとれる。このダッシュボードでは教育や健康、福祉、インフラ、「人材活用」（雇用、イノベーションの原動力）、治安、環境、財政の健全性、高齢住民に関するデータなどが提示されるようになっていた。「前期」と「今期」のデータを並べて比較することで州のパフォーマンスを確認でき、各指標の数字がよくなっているのか、悪くなっているのかに応じて、サムズアップまたはサムズダウンのアイコンが表示される。さらにクリックすると、年次推移のグラフとデータの出処が表示されるが、そのデータがどのように収集されたのかや、一般市民が情報をどのように利用すればいいかについての詳細はほとんどなかった。[11]

ニューヨーク市も二〇一六年に同様のツールを開発した。市長室は、「変革のエージェント」を謳うビジュアリティ社、コンサルタントのゼニティ社、設計のハイパラクト社——これらは社名の響きから一世代前のドットコム時代を思い起こさせる——および、マッピング・プラットフォームのカルト社と組み、市全体からのリアルタイムデータを集約するダッシュボードを構築した（図8a&8b）。プロジェクトチームは、さまざまな機関向けの指標

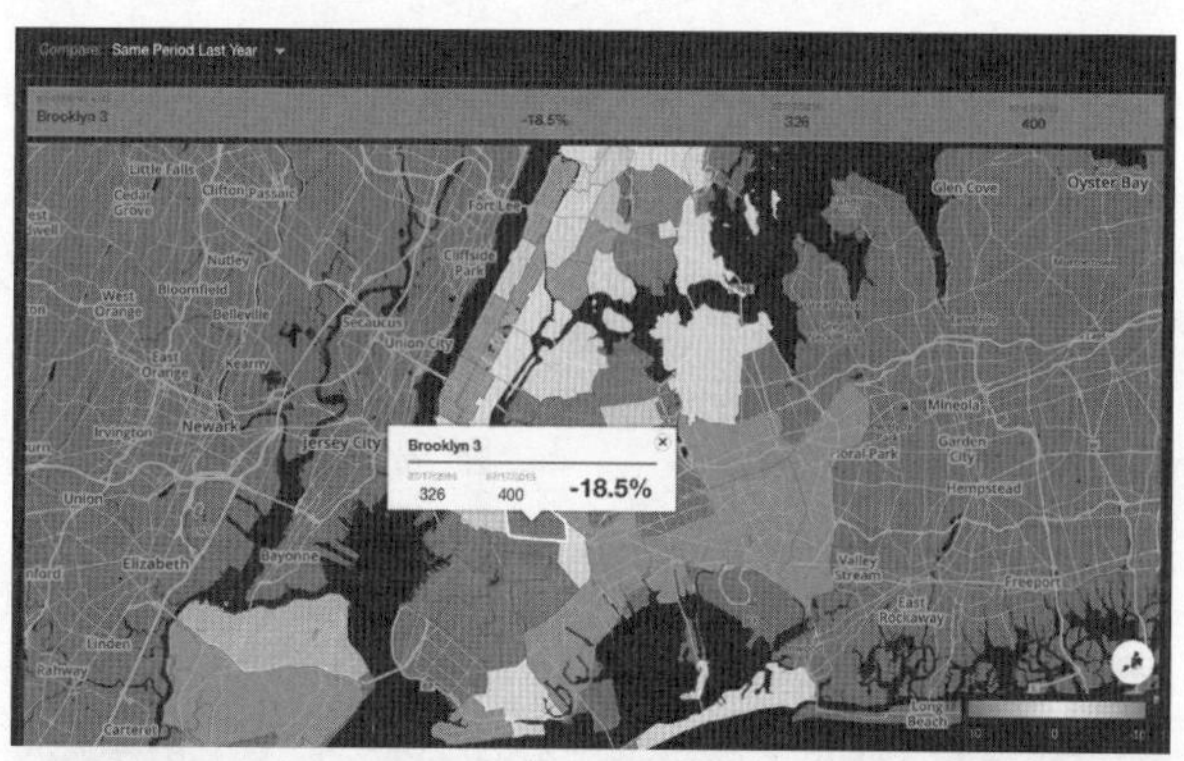

図8a & 8b. 2017年、ビジュアリティ社、ゼニティ社、ハイパラクト社によってニューヨーク市長室のために開発されたダッシュボードの地図と指標の表示例。カルト社のソリューションで動作するこのダッシュボードは、Mapbox〔地図開発プラットフォーム〕のベースマップ上に構築され、OpenStreetMap〔オープンな地理情報を作成する共同作業プロジェクト〕のデータに基づいている。

を設けた。たとえば、ニューヨーク市警（NYPD）にとっては逮捕件数が成功の指標になるだろうし、ホームレス支援局（DHS）にとっては保護施設での平均滞在日数が成功の指標となるだろう。市の職員は、図表や双方向型の地図を介してデータにアクセスすることができた。ミシガン州のダッシュボードと同様に、時間差のある数値を比較することで日毎や年毎の成長の状況を測れる。また、所定の期間内での「進歩」の閾値を定義しておいて、達成されればデジタルの信号を発し、順調に進んでいれば緑色、特別な注意が必要であれば赤色などの色分けで目立たせることもできた。ビル・デブラシオ市長自身には、「行政の瑣末なところには無頓着であるという評判」（さらにはっきり言えば、大局的な問題にも無頓着であるとの評判）が立っていたが、彼のスタッフはダッシュボードを活用して、選挙公約の達成状況を追跡していた――こうした公約が測定可能な数値に、多くは単純化して変換され、彼らにとって好ましい方向へ動いているように見せていたことは明らかだった。[12]

この一〇年間で、他の多くの州や大都市圏が独自のダッシュボードを開発した。パフォーマンスを他地域と「ベンチマーク比較」し、持続可能性の課題に取り組んでいることを実証しなければならない、都市統治に対する「新しい管理主義」的なアプローチに駆りたてられてのことだ（図9&図10&図11）。インドの都市が、国民識別番号制度「アーダール」の番号を使って従業員の出勤状況を追跡するダッシュボードの導入に至った経緯については、ア

図9. 交通量に関するデータを表示している、マドリード市の「シティ・イネーブラー」ダッシュボード。設計者の説明には、「このダッシュボードは、カルト社のUrboという名称のソリューションで動作し、FIWARE（欧州を中心に展開されているオープンソースソフトウェア開発プロジェクト）イニシアチブの一環としてマドリード市に『スマートシティ』の知見を提供する」とある。

ーカーシュ・ソランキの説明に詳しい。インドネシアの都市が、リオのように洪水関連の緊急事態を追跡するダッシュボードを導入した経緯についてはナシン・マフタニの資料が有用だ。COVID-19（新型コロナウイルス感染症）の大流行時には、さまざまな政府機関や大学、オープンソースの技術コミュニティなどが、ウイルスの広がりを地図に示したり、感染、入院、死亡の推移を追跡したりするダッシュボードを構築した[13]（図12）。中国のハイテク企業アリババは、都市運営の資源を追跡して「欠陥を即座に修正」し、最適化

図 10. シアトル市のイノベーション&パフォーマンス・チームのクリエーターによると、「パフォーマンス・シアトル」というタイトルのダッシュボードは、「住民にとってとくに重要な、住民サービス、手ごろな住宅費用、ホームレス対応、投資計画、気候変動など、市政の最優先項目の動向を追跡し、さまざまなデータ視覚化をつうじて市のパフォーマンスを細かく提示する」ようになっている。

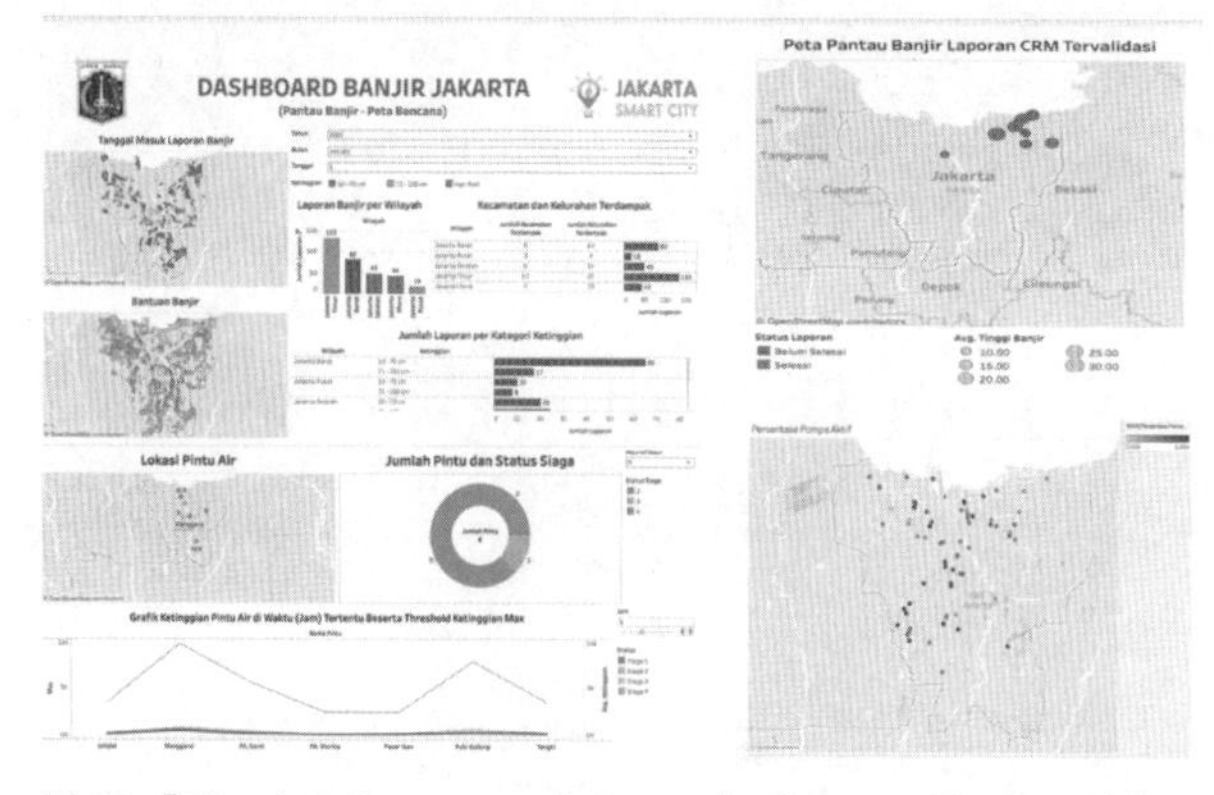

図 11.「ジャカルタ・スマートシティ」ダッシュボード。汚染、交通、洪水などさまざまな項目に関するデータを提示している。データ視覚化ツール Tableau で作成。

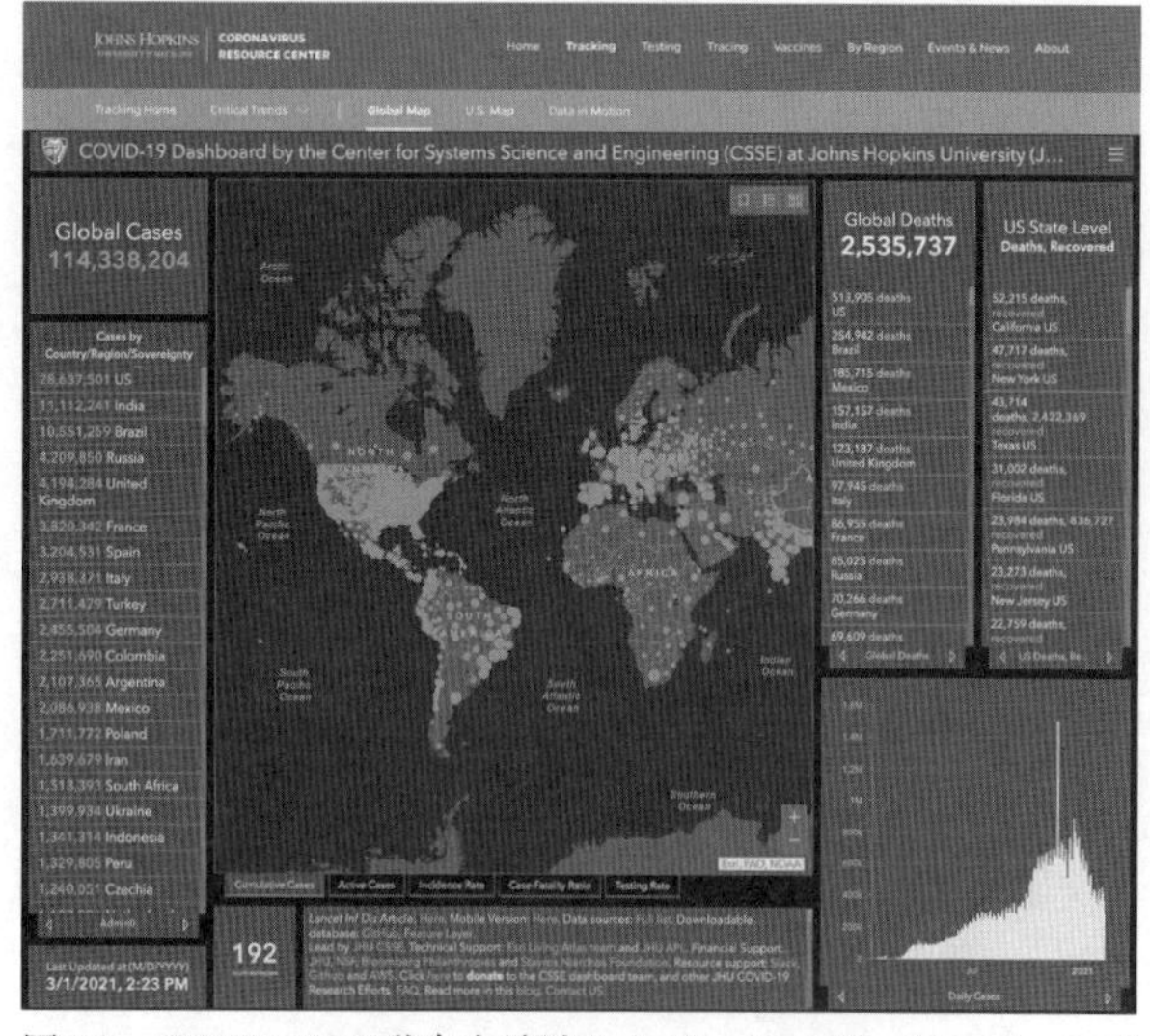

図 12. COVID-19 の動向を追跡したダッシュボード。ジョンズ・ホプキンス大学システム科学工学センター、2021年3月3日。

を図る、「情報融合」のプラットフォーム「城市大脳（シティブレイン）」を開発し、複数の都市に展開している。ただし《アトランティック》誌のロス・アンダーソン記者は、修正対象の「欠陥」には、隔離指示に違反したＣＯＶＩＤ-19感染者や、当局の命令に従順でないウイグル人が含まれているかもしれないと指摘する。[14]

　このようなプロジェクトは、対立するさまざまなイデオロギーを体現している。データを公開し、市民が利用できるようにし、内部の意思決定や議題設定の調整を促進する。都市のインフラを可視化し、環境指標や、おそらくは精神の健康も含めた幸福度指標など、実情を把握しづらい都市生活の質のさまざまな側面を、目に見えるかたちで、あるいは別のなんらかのかたちで理解できるようにする。ただし、こうしたプラットフォームは一方で、トップダウン方式による技術万能主義な考え方をも増強する。充分な論理性を備えているように見えるデータだが、実際には都合に合わせた取捨選択がなされ、物の見方が部分的で縮小的でゆがんでいる。にもかかわらず、データもそこから導かれた結果も正しいという信念に引っ張られるのだ。ダッシュボードは、管理者の思惑どおりに利用者の主体性を構築し、ひいては、ダッシュボードの統治によって図示化され、追跡され、影響されるコミュニティの主体性も構築することになる。[15]

コックピットとコントロールの歴史

ダッシュボードは、人間の営み、知識論とイデオロギー、さまざまな指標をつうじて具現化される実体やシステムの「枠組み」としての役割を果たし、その歴史は一九八〇年代の証券取引所のデスクや九〇年代の犯罪マップよりもはるかに古い。同様に、ダッシュボードと都市や地域との、広く言えば空間との関係は、二一世紀のデジタルマップやアプリよりもまえから存在している。「ダッシュボード」という用語は一八四六年に初めて使われた。当時は、馬のひづめと車輪から飛んだ泥が馬車の内部を汚さないように前面に取りつけた板または革製の覆い(エプロン)を指していた。オックスフォード英語大辞典によれば、ダッシュボードという用語が「各種の情報をグラフや表にまとめた画面。おもに企業組織の全体または一部の概要を提示するために用いられる」の意味で使われるようになったのは、一九九〇年になってからだった。ダッシュボードにはすべてを網羅しない「部分性」という性質があるため、何が省かれているのかと不安に思う向きもあるだろう。もちろん、省かれるのは泥に決まっている(ということになっている)。ダーティな(〝クリーニング〟されていない)データ、主要業績(定義がどうであれ)とは無関係な変数、数量化と視覚化に適さない部分。そして、整然とした操作の対象にできず、きっちりとしたウィジェット化にも適さない知見。これらをダッシュボードはふるい落とす。

図13. T型フォードのダッシュボード。

歴史をたどると、ウィジェット化を妨げてきた力や資源、変数はさまざまにあるものの、きわめて実際的な理由として真っ先に挙げられるのは、それらの使用を管理したり測定したりする手段が単純になかったことだ。ダッシュボードの歴史は同時に、精密測定、統計、計器製造、工学——電気工学、機械工学、とくに制御工学——の歴史でもある。T型フォードのダッシュボードを見てみよう（図13）。一九〇八年ごろの標準装備は、バッテリーの充電状態を測定する電流計だけで、速度計をつけるには追加費用が必要だった。クランク棒を回してエンジンをかけ（1919年には、別料金を支払えば電気スターターを追加できるようになった）、エンジンがかかったら点火スイッチを「バッテリー」から「マグネトー」に切りかえる。燃料計が登場する一九〇九年よりまえは、燃料タンクに棒を浸して残量を計っていた。誰もが見たくない光景だったラジエーターから噴きだす水が、新しい計器が登場するにつれて、ダッシュボードには新たなゲージや表示窓が増えていった。[16]

以来、状況は反対の方向に進みはじめた。機械操作がますます自動化されるにつれ、ダッシュボードは測定値を指標として表示するというより象徴的に伝えるように進化していった。一九五〇年代半ばには、ほとんどの車種のオイルゲージはいわゆる「警告灯」に取って代わられている。運転者は、いまが（1）順調に走行中、（2）異常発生！　のどちらなのかだけがわかればよかった。「要メンテナンス」ランプは、ブラックボックス化された結果だけを通告するようになった。運転という知的かつ肉体的な重労働は人間よりも車両自体が多くを担うようになりダッシュボードが運転者に伝える情報は徐々に簡素化されていった。[17]

だが後年、ダッシュボードのデザインは美観に大きく左右されるようになる。運転者に多くの情報を与えることがファッショナブルと見なされ、情報のほとんどは人間の運転動作に影響しないのにもかかわらず、運転者当人はパワフルなマシンを自分が制御しているという感覚を味わうことができる。重要そうに表示されるインジケーターも車を動かす機構と運転者の関係にとってほとんど意味はないものの、運転者にとっては（1）ガソリンタンク、（2）ブルートゥース経由のｉＰｈｏｎｅ再生、（3）州警察官のスピードガン（あるいは今日の自動交通取締カメラ）、の情報が与えられることも重要なのだった。「ハイパフォーマンス」な自動車のなかには、運転者を戦闘機パイロットの気分にさせるようにデザインされたものもあるが、ダッシュボードの演出はおもに見た目を飾るためだった。とはいえ、車を売り、運転者のアイデンティティと主体性の両方を育むのに役立ったのはたしかだ。こうした情報をまとめて大量に表示するには、インタフェースの言語と美学の新しいリテラシーを必要とし、それが機械的な習熟ではなく、象徴的な記号への習熟という独自の形式を構成していた。

本物の戦闘機ではもちろん、計器類はどれも操縦の本質により深くかかわっている（図14）。フレデリック・タイシュマンが一九四二年刊行の『*Airplane Design Manual*』（航空機設計マニュアル）に書いているように、「すべての制御システムはコックピットに行き着き、すべての操縦機器および航行計器はコックピットに配備され、飛行に関するすべての決定は、ごくわずかな例外を除いてすべてコックピットで下される」[18]。ただし、一九二〇年代後半から一九三〇年代前半までは、パイロットが操縦の参考にできる計器はほとんどなかった。ブランデン・フックウェイによれば、第一次大戦時のパイロットは、「航行、着陸、目標照準のどれにおいてもほぼ、機器で補強されない目視で得た情報と、『天性の勘』に頼るしかなかった」。空を飛ぶには、推測航法（観測できる状況にない場合に、航行記録やコンパス、地図などを照らしあわせて現在位置を推測する）と地文航法（空から観察できる既知のラン

図 14.　ノース・アメリカン社が開発したF-100D機コックピット、1956年。

ドマークをたどる）の両方を駆使しなければならなかった。[19]第一次大戦終結のころには、高度計や対気速度計、手持ち式偏流計、針路・方位計算機、燃料計などが利用できるようになっていたが、不正確だったり判読できなかったりすることがよくあり、ほとんどのパイロットは勘と目視による飛行を続けていた。

一九二〇年代をつうじ、軍および、スペリー社などの機器メーカーからの資金によって、「計器飛行」の研究が盛んにおこなわれた。タイシュマンによれば、飛行機はますます高速化・精密化されていき、一九二八年ごろにはパイロットはもはや「高高度や濃霧時、国境をまたぐフライトや計器飛行のなかで自身の感覚を信じることはできなくなって」いたのだった。「パイロットは安全な飛行のためには、無線通信や無線標識局（ラジオビーコン）、方向や距離を特定するレンジコンパス、ジャイロコンパス、自動操縦装置、旋回・バンク指示器、その他少なくとも二五種以上の、どんな天候下でも確実に操縦するために欠かせないダイヤルやガジェットにほぼ全面的に頼らざるをえない」[20]。要するに、彼らはダッシュボードに生命を委ねるようになったのだ。『*Digital Signal Processing*』（デジタル信号処理）の著者ジョーンズとワトソンによれば、操縦の計器化は、自動化が新たな段階に入ったことの表れだった。自動化されたプロセスがついに、「操縦自体のほか、感覚や認知にかかわるプロセスにも取って代わる」ようになったのだ[21]。ダッシュボードは、機械にはそれを操作する人間よりも「知覚的優位性」のあることを明らかにしてみせた。

それ以降も、ダッシュボードとそのユーザーは互いに呼応しながら進化していった。飛行機のダッシュボードが複雑になるにつれ、パイロットにも高度な訓練――とくに、新型のフライトシミュレーターを介した訓練――が必要になり、コックピットの設計についてもますます緻密さが要求されるようになった[22]。フックウェイは、コックピットを「インタフェース」と認識することが、飛行計器の体系的な設計につながり、それが情報の流れの合理化を進めたと論じている。一方、コックピットを「環境」と認識することは、設計者が「パイロットと乗組員の生理的・心理的ニーズ」に踏みこむ必要が生じたということであり、こうしたニーズには、機内の窮屈なスペースや騒音、高高度の低温・低気圧への対処などがある[23]。

図15.　英空軍戦闘機指揮部第11管区のコントロールルーム、アクスブリッジ地区、2010年。

軍事用途では、パイロットと、副操縦士（コ・パイロット）、ナビゲーター、爆撃員、その他の乗組員——各自がそれぞれの機器を参照している——のあいだで、頻繁な通信および連携も求められた。[24]

社会観念を映すコントロールルーム

やがて、戦闘機のコックピットは過大ともいえるスペースを占めるようになった。「指揮官は電話回線で各飛行場と連携し、各飛行場は高周波無線で個々の飛行機と通信した。特別な赤いホットラインは、ベントレー・プライオリーにある空軍総司令本部に直接つながっていた。状況図の周りで航路図示員（プロッター）たちが慌ただしく動き、壁全体を映写幕のように覆う巨大な電光掲示板には色とりどりの光と数字が躍る。指揮官たちはこの掲示板——競馬のオッズ表示板のような――を眺めれば、とくに重要な戦闘機の状態をはじめ、最新の気象情報、主要都市を護る防空気球層の厚さなど作戦に関する詳細をひと目で確認することができた」[25]。図15は、ロバート・ブデリがレーダーに関する著書のなかで記述した、一九四〇年九月当時のアクスブリッジ地区に置かれた英空軍戦闘機指揮部第11管区のコントロールルームの写真だ。飛行やその他の軍事作戦の計器化が進み、政府や企業がこうした計器制御の戦略を採用したことで、チャーチル首相の作戦司令室や宇宙時代初期の神話となったミッションコントロールセンターに至るまで、モザイクディスプレイやスイッチボード、ダッシュボードなど没入型の環境が創造されていった[26]。

一九七〇年代前半、サルバドール・アジェンデ政権下のチリは、人工頭脳工学（サイバネティクス）を駆使した国家経済運営のための意思決定支援システム「サイバーシン計画」の導入を試みた。六角形のオペレーションルームがその知的・管理的中枢であり、首脳たちはその部屋でデータにアクセスし、決定を下し、テレックスを介して企業や金融機関に指示を伝送することができた[27]（図16）。六枚の壁のうち四枚は「ダッシュボード」のためのスペースだった[28]。そのうちのひとつには、ガラス繊維製のキャビネットに収められた四つの「データフィード」画面がある。椅子の肘掛けに埋めこまれたボタン・コンソールを操作し、首脳たちは生産能力のグラフ、経済チャート、工場の写真など、どのデータフィードを表示させるかを制御した。ちっ

図16.　サイバーシン計画のオペレーションルーム。

ぽけな押しボタンにとって誇らしい瞬間だったことだろう。ダッシュボードに二択の指示を送る初歩的な手段であったものが、一世紀を経て、それをつうじて車のエンジンを始動し、付き人を呼びだし、電話をかけ、ロケット部品を製造し、（遠隔地から指先の操作で戦えるようになったために倫理的葛藤が減った）戦争を遂行する道具へと変貌した。メディア史家のレイチェル・プロトニックは、ボタンを押す行為が、彼女が楽器の歴史と結びつける新しい産業化時代のデジタルコマンド――「デジタル」のもつ「指」という意味と「数字処理」という意味の両方において――の基になったと述べる。「デジタルコマンドは、それを操作する人に、実際には選択肢を狭めているにもかかわらず、自分がその分野の達人であり、優れた意思決定を下せると錯覚させる危険をはらんだ、偽りの主体性をもたらす力である」[29]

ダッシュボード用の壁の二枚目には、問題の緊急度の高まりを赤ランプの点滅速度の速さで表す、快・不快指数計的なアラートのついたスクリーンがふたつ塡めこまれていた。三枚目の壁には、サイバーシンのアーキテクトであるスタッフォード・ビアーが彼の開発した「バイアブル・システム・モデル」のディスプレイを設置しており、このバイアブル・システムは「意思決定プロセスに役立つはずのサイバネティクスの原則を思いださせる」つくりになっていた。最後の壁には布張りの大きな金属板があり、経済の要素に対応する磁石型マークを動かせるようになっていた。磁石型マークは意図的にアナログにしつらえてあり、遊び心を刺激するものだったが、見かけ上は双方向型のデータフィードスクリーンでさえ、内実はかなりアナログだった。スクリーンはフラットな液晶パネルに似ているが、実際には壁のうしろにあるスライドプロジェクターから照らされていて、スライド自体は作成も撮影も手作業だった。ボタンを押すだけで操作でき、特別なスキルを必要としない（ように見える）、当時としては最新式のダッシュボードは未来の姿を想起させたが、じつはそれは幻想だった。エデン・メディーナは指摘する。「このハイテクな幻想を維持するには、スクリーンの裏で人間の膨大な労働力が必要だった」[30]

サイバーシン計画の教訓は、年月を経て、近年のコントロールルームの設計にも反映されている。二〇〇一年に編集出版されたコントロールルームの設計に関する書籍のなかで、多くの研究者が、人間とコンピューターの相互作用および、人間工学と人間の認知の仕組みを同時に考慮するように提唱している。彼らは、「生（ロー）の」データセットを表示すべきときと、さまざまな方式で視覚化したデータセットを表示すべきときとの見きわめを推奨した。ヒューマンエラーを最小化し、ユーザーの「状況認識」と監視力を最大化し、チームワークを促し、人間と機械のあいだの「信頼」を培うようなダッシュボード環境の構築をうったえたのだ。[31]ボリス・ジョンソン元英首相の首席補佐官だったドミニク・カミングスは、「信頼」やチームワークにはさほどこだわりはなかったが、アルゴリズム主導の統治には優位性があると考えていたためコントロールルームを受けいれた。政治学者のマシュー・フリンダーズとデイビッド・ブランケットが述べているように、カミングス元首席補佐官は、「意思決定に対する、構造化され、非政治化され、技術主義的で高度に機械的な臨み方」、つまり「感情を排した」意思決定を支持したのだ。彼の技術志向は、二〇二〇年に打ちだした、ホワイトホール70番地に「NASA的」なコントロールセンターをつくり、大型スクリーンにCOVID-19の感染者数や、政策目標の進捗状況の指標をリアルタイムに表示するという構想に表れている。[32]だがカミングスは二〇二〇年一一月に政権を離れたため、ダッシュボードの夢も彼とともに消え去った。

それでもコントロールセンターは、前述したリオや、韓国の松島、インドのマンガルール、ケニアのコンザ、フロリダ州のマイアミなど多くの都市で運用されている。[33]ボルチモアのシティスタット・ルームのデザインに、なんらかの思想を読みとる向きもあるかもしれない。そこでは、各部局の責任者は文字どおり、つまり建築の空間的に、そして方法論的にも、彼らの業務を支えるデータのまえに立つことを強いられる。まるで舞台演出のようにデータの流れを飼いならすことが、そして情報を整理し文脈化して「進歩」の証拠とすることこそが当局の仕事なのだと私たちに確信させる。都市がより安全になったと見なせる犯罪件数の減少は、表面的には「進歩」と言えるかもしれない。だが、地理学者で政治学者のブライアン・ジェファーソンは、実際はもっと複雑だと論じる。テック企業にとって、優れたコントロールセンター（またはジェファーソンが「データセンター」と呼ぶもの）とは、「価値が下落しつつある都市の住民や空間に新しい価値を見つける革新的な方法」を提供する――あからさまに言えば、他者の権利剝奪や抑圧によって利益を得る――ためのものなのだ。「過去三〇年にわたり、IT企業は犯罪多発地域の管理を摩擦なく効率的におこなうという触れ込みのもと、新しいテクノロジーを次々と提案してきた。情報やデータに経済的な価値を見いだし追求する情報資本家にとって、こうしたコミュニティは新たな蓄積のフロンティア、すなわちデータと利益を大量に集める場所となる」。[34]

都市にとって、警察のコントロールセンターは、「人種的犯罪化〔特定の人種や民族グループを対象に犯罪のイメージを強調し、そのグループへの不正義を正当化すること〕の過程を見えなくし、あたりまえの状態にするための強力なツール」として機能している。犯罪データセンターにデータを供給する監視技術の集合体――環境センサー、ナンバープレート読み取り装置、監視カメラ、管区データベース、911通報、ディスパッチシステム〔緊急時などに適切なタイミングで適切な場所に適切な資源を振り分けるシステム〕など――を見ると、「この『怪物』の中核にあるのは、市当局、企業、かなりの一般市民がもつ、『人間選別システム』を確立して『犯罪者らしき人たちを隔離する』という権力の幻想であることが見てとれる。[35]」社会学者のルハ・ベンジャミンは主張する。私たちが予測に基づく警察活動（予測的ポリシング）のダッシュボード画面の舞台裏を見たり、犯罪データセンターのインフラを調べたりすれば、「過去にしろ現在にしろ、制度化した人種差別はアメリカの刑罰制度を支える監視技術の前提条件であることがわかる。治安維持活動、裁判、収監、仮釈放といったどの段階でも、人が犯罪を犯す可能性を判断する際に自動的なリスク評価を介している」と。[36]個々の市民や地域がリスクによって分類され、選別されるのだ。

このような人種差別を増強するテクノロジーは、警察活動の枠を超えて広がっているとベンジャミンは指摘する。同様のリスク評価と分類のロジックが、住宅ローンや保険の評価、ターゲット広告、公衆衛生をはじめ、無数の分野で利用されている。[37]公衆衛生の例を引いてみよう。COVID‐19がアメリカのアフリカ系住民に人口比から見て不釣り合いなほど大きな影響を与えていたころ、地理情報システム（GIS）のサプライヤーであるエスリ社は、ダッシュボードを活用して「コミュニティが最も必要としている分野を強調表示し、より公平な成果を生むために対応策を調整する」という提案をおこなった。[38]だがベンジャミンは、医療当局がGISを用いてとくに感染が深刻な人口区分に資源を再配分するこうした「ホットスポッティング」戦略に反対している。つまるところ、これは人種差別の論理を強化し、人々に「不名誉な烙印（スティグマ）を押し、その烙印が生活の機会を狭め、元々の健康格差を助長してしまう」からだ。[39]さらに、郡や市、州はCOVID‐19の人種別データを作成しなかったり重要視しなかったりしていることが多い。アフリカ系コミュニティをはじめ、どの人種にとっても公正なデータの収集や利用を推進しようとする「データ・フォー・ブラック・ライブズ」運動は、こうした偏りを追跡調査し、各州に人種データの公開を要請し、標準的なデータセットを、アフリカ系の医療従事者による個人的な証言など――従来のデータ視覚化には活かされにくい質的データの例だ――の追加情報で補足するように求めた。[40]

　どこかに狙いを定めた介入を計画し正当化する目的でいびつなダッシュボードを導入したところで、保ち（も）の長さも治療効果も絆創膏程度しかない。それよりも、医療の不平等の根本原因に目を向けなければならない。ホイットニー・パートルは、ミシガン州デトロイトの「アフリカ系住民の死亡率の高さ」をもたらした要因の中核についてこう説明する。「人種差別と資本主義が相まって害のある社会状況をつくりあげている。COVID‐19の疾患において不平等が生じるのは、人種差別と資本主義が絡みあって（a）COVID‐19と相互作用して健康状態を悪化させる複数の疾患を形成する、（b）人種による住居の分離や、ホームレス、医学的偏見などを介し、有色人種や貧困層の健康リスク因子を増悪する、（c）リスクを最小化し、疾病の重大化を最小限に抑えることに活用できる医療知識や自由などの柔軟な資源へのアクセスを左右する、（d）過去のパンデミックでも見られた不平等のパターンを複製している、という理由があるからだ[41]」。地図に国勢調査の人口統計学的データと医学的データを重ねることで、重要な知見が得られるかもしれないが、どのダッシュボードでも人種資本主義の問題の深さと複雑さをすくいとってはくれない。健康面の不正義に潜む数多くの負の遺産のひとつだ。

意図的に除かれる泥：何がダッシュボードを構成し消毒するのか

ダッシュボードそのものと、ダッシュボードの象徴する知識論と政治力学が多様な分野に広く普及している現状に照らすと、私たちのものの見方がいかにダッシュボードによってつくられ、どんな「泥」が取りのぞかれ、都市や地域のウィジェット化された画面イメージが、きれい事だけでは語れない現実をいかに反映しているか、あるいはねじ曲げているのかを批判的に検討する必要のあることがわかる。ダッシュボードを批判する際に留意すべきことはなんだろう?[42] 第一に、ダッシュボードは知識論的かつ方法論的装置であるということ。ダッシュボードを活用する所管機関がどのような変数を重要と見なすか（逆に、重要でないと見なすか）について、また、それらの変数を「操作化」し、データを収集するために用いる方法について、所管機関の選択を体現している。過去数年、国連から国際標準化機構、都市のシンクタンクやコンサルタントまでさまざまな組織が、新規特許件数、エネルギー消費量、平均寿命、殺人発生率、温室効果ガス排出量、女性議員の割合など、都市の指標セットを作成することで、こうした選択を標準化しようと試みてきた。[43] ロブ・キチンらが指摘するように、都市が選択した指標は、「それを介して行政の成果が測定され、公に伝達される、事実上の市民知識論として標準化される」[44]。簡単に操作化できないものや測定できないものはただ無視される。

　ダッシュボードはまた、データがどのような処理を経てそこにあるのかを充分には理解していないであろう受け手や関心のある一般市民に対し、**そのデータの意図を把握し、文脈に沿って理解できるようにする**ための多くの方法を具現化する。[45] ブランデン・フックウェイは、

「インタフェースの歴史」――ここでの文脈ならダッシュボードの歴史――は、知性の歴史であると述べている。「知性が共通の表現形式にもちこまれ、テスト、実証、調整、配布される境界条件を既定している」からだ。[46]

　都市のダッシュボードでは、気象衛星画像、交通量の色分け地図（ヒートマップ）、市政支出額のティッカー、犯罪率ゲージ、住民のＸ（旧ツイッター）とフェイスブックの更新情報を基にしたワードクラウドの「気分指数」などが隣り合わせになっているかもしれない。さまざまな情報の並置は、都市をさまざまなレンズでとらえることの表れであり、それぞれが独自の「動作ロジック、美意識、政治性」を有している。市長室のスタッフが、緑色（つまり「良好」）のウィジェットやサムズアップのアイコンだらけのダッシュボードを、施政方針が賢明であることを確認するかのように見渡している様子を想像してほしい。あるいは、災害のさなかに怯えた市民がダッシュボードを必死で追っている様子を。《ワシントン・ポスト》紙のカイル・スウェンソンは、ジョンズ・ホプキンス大学のＣＯＶＩＤ‐19のダッシュボードを引き合いに出し、「市民はおそろしい試練をなんとか理解しようとトラッカーの最新情報に頼った」と書いている。[47]

　ただし、ヘザー・フローリッヒとマイケル・コレルは、データへの信頼はときとして陰謀論に傾くことがあると指摘する。ＣＯＶＩＤ‐19のプラットフォームが林立し、「どのプラットフォームも専門知識を謳っているのに、使うデータも、暗黙の結論も異なる状況では、ユーザーは、専門知識の価値にますます懐疑的になるか、または独自の見解を声高に語るようになりかねない」のだ。[48] 無数のフィードやダイヤルは、ダッシュボードの管理者や分析担当者たちを「異なる指標や基準を扱わなければならない不可思議な状態に追いやり」、立ち往生させ、マクロスケールの分析や意思決定から遠ざけてしまうおそれがある。フローリッヒとコレルは、市民を理解不能状態に置くことがむしろ意図的な場合もあると論じる。「一般人にデータの複雑さを見せつけ、専門家の介入なしで適切な判断を下すことはできないと思いこませる」ためだ。

だが本来は、閲覧者がデータストリームを調べたり、全体像を見るためにズームアウトしたり、詳細を把握するためにズームインしたりできるのが理想だ。このような柔軟性があれば、ロブ・キチンらが書いているように、「ユーザーが専門的な分析スキルを必要とせずに、大量で多様で移り変わりの激しいデータに対して『管理範囲』を広げることができる」。[49] 一方、合理性を追求したダッシュボードの表示とボタンを押すだけですむ入力方式は、ユーザーにとっては取っつきやすいかもしれないが、ダッシュボードの枠組み自体は――「泥」を閉めだすように設計されていることを思いだしてほしい――、そのデータがどこから来たのか、誰の利益に奉仕しているのか、情報の可視化と知識生産にまつわる政治性についてはほ選択の結果がとんど何もユーザーに伝えない[50]。どのくらいの粒度でデータを表現すべきか。選択の結果が個人情報保護を侵さないか。可視化する際に、あいまいさや値の変動、誤表示にどう対応すべきか[51]。こうした問いがほとんどなされないのは、ダッシュボードが現実をリアルタイムかつ客観的に表現していると見なされているからだ。

こうして、表現のロジックと政治性が、管理者にしろ警察官にしろ一般市民にしろ、**ダッシュボードのユーザーの主体性と主観的な見方を形成する**。これらのツールは、たんにユーザーの役割を、たとえば受動的または能動的なデータ提供者とか、データ観察者、革新的なデータ分析者（データハッカー）、アプリ開発者、市民主導の都市再開発におけるデータ利用者などとして定義するのではない。市民を都市の主体として構築し、彼らが都市をどのように考え、かかわり、居住するかについてその一部を定義する。ダッシュボードは、COVID‐19のときがそうだったように、「集団で観察するという形態」を促進する可能性があるが、「観察という行動をとること」を市民参加と同義ととらえるものであり、必ずしも意味のある行動には結びつかない[52]。市民は、都市の公開データを利用してダッシュボードの上に新しいレイヤーを構築したり、独自のアプリケーションを作成したりすることも奨励されるかもしれないが、独自アプリケーションであっても、実際に機能するためにはダッシュボードのプロトコルに従う必要がある[53]。さらに、このシステムは都市の構成要素をいかに表現するかを選ぶことで、一種の「存在論」、すなわち、「都市とは何であり、何でないのか」を定義している。もし、都市が変数のたんなる集合体として、つまり気象、犯罪統計、エネルギー消費量、雇用データなどの構成要素のたんなる合計として理解されるのなら、行政当局も住民も、都市の主体としてどのように行動できるかについて貧弱な感覚しかもてなくなるだろう。

ダッシュボードを行政側で利用する者から見たこのシステムは、**意思決定をかたちづくり、データに基づいたリーダーシップを促進する**（たとえば、まえに登場したスマートフォンによる統治や計器による飛行）。前述したように、ダッシュボードは当局者がパフォーマンスを監視して「説明責任」を果たせるようにするだけでなく、過去のデータを分析して将来の動向を予測し、必要があればシステムを変化させ、都市の持続可能性や安全性、収益性や効率を高められるようにすることを目的としている。ロブ・キチンらが提唱するように、ダッシュボードは都市の運営をマクロスケールで長期的に見ることを可能にし、「不確かな裏話よりもはるかに優れた根拠の基盤」となる。[54] それでも、データに基づく論理的なその「根拠」は、収益化可能な資源および実証主義的知識論の単位としての枠に納められることがよくあり、ダッシュボードは都市を、効率的または規範的なシステムを生成するために測定および最適化できる変数のたんなる集合として提示することを私たちは知っておく必要がある。[55]

このような道具的なアプローチは、（多くの当局者が自身の方法を振りかえりたがらないことを考えると）データへの度を超えた崇拝やデータから具体的な情報を引きだそうとする傾向を促進し、その結果、分析エラーや論理の誤謬（ごびゅう）を招くおそれがある。[56] アダム・グリーンフィールドはこう説明する。「相関関係は因果関係ではない。だが、市長や市の担当者が積極的に物事にあたっているると見られたがっている場合には、その差は微妙になってくる。貧困層が多く住む地域で火災が不自然に多く発生しているとしたら、単純に貧困層を立ち退かせたら、火災に対処したとの手柄にできるのではないか？　なにせ、巨額の税金を投入して開発したダッシュボードが、ある事象の起こる地域では別の事象も必ず起こるとはっきり告げているのだから。だが本当は、火災と貧困の集中を両方とも引き起こす根本的で未解決の要因があったのかもしれない（もしこの例が、大げさな作り話、あるいは背理法だと思えたとしても、けっしてそうではない。運用研究の文献は、まさにこのようないいかげんな理由の果てに重要な決断が下された事例で満ちている）[57]」

都市は混沌とした複雑なシステムであり、方法論的・知識論的な泥を避けて理解することはできない。私たちが都市のダッシュボードで知覚していることの多くが、裏で無菌化され、文脈から切り離され、必然的に一部分だけが提示されていることに照らせば、このような枠組みがもつ政治的・倫理的な含意についても疑問を抱かざるをえない――ダッシュボードの消毒された擬似透明性は、どのような「開放性」「説明責任」「参加」の理想を表しているのだろうか？[58]

土に戻る

都市を俯瞰して見る現代のダッシュボードを、一九世紀後半につくられたダッシュボードと比較してみよう。当時はまだ、「ダッシュボード」ということばは、馬車の「泥よけ」の意味で使われていた。スコットランドのエジンバラに、最上階にカメラ・オブスクラ〔光と鏡を使った体験型アトラクション施設〕を備えた天文台として一八五〇年代に建設されたアウトルック・タワーがある（図17）。スコットランドの博学者で都市計画家のパトリック・ゲデスが一八九二年にこの建物を買いとり、「遠くを見晴らすこの場所を、エジンバラとその周辺地域をより深く理解するためのカギとしてだけでなく、街と世界とのかかわりをより明確に把握するための助けとなるような博物館につくり変えた」[59]。この「社会学の実験室」――アンソニー・タウンゼントは著書『*Smart Cities*』（スマートシティ）のなかで、アウトルック・タワーはリオのデジタル・ダッシュボードよりも早く「ヴィクトリア時代に登場していた」ダッシュボードだと述べている――は、ゲデスの観察手法や都市調査を重んじる姿勢と、こうした場所は地域的・歴史的文脈のなかで理解すべきだと考える彼の信念を具現化し

図17.　アウトルック・タワー。パトリック・ゲデス著『*Cities in Evolution*』(London: Williams & Norgate, 1915), p.324 より。

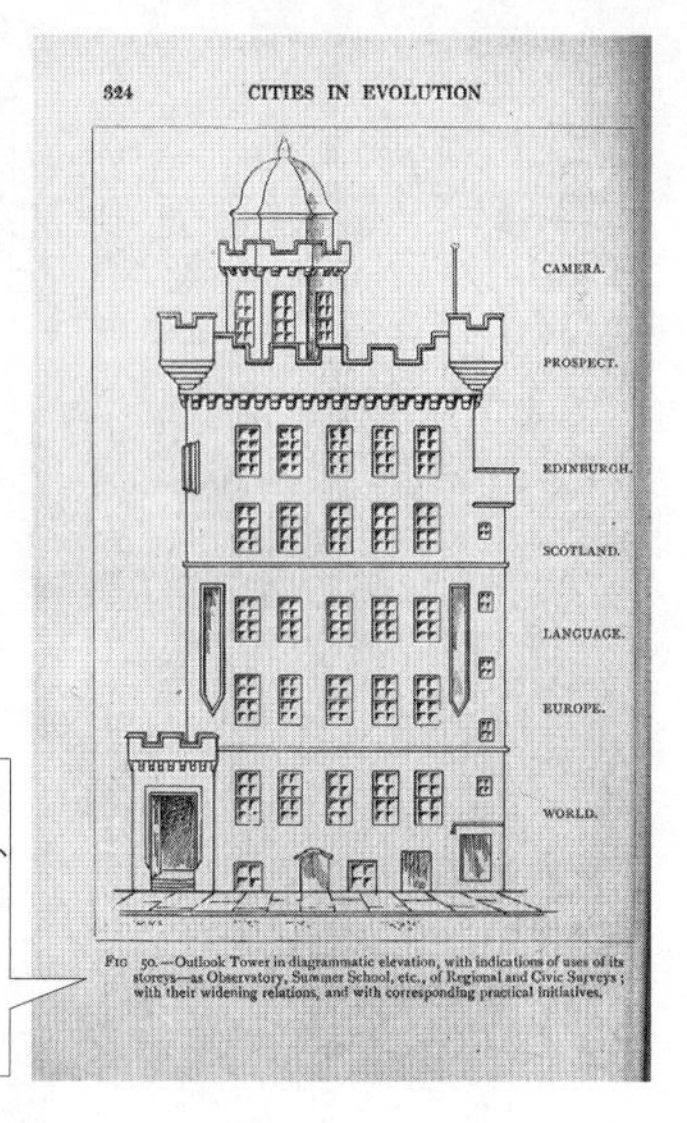
324　CITIES IN EVOLUTION

Fig. 50.—Outlook Tower in diagrammatic elevation, with indications of uses of its storeys—as Observatory, Summer School, etc., of Regional and Civic Surveys; with their widening relations, and with corresponding practical initiatives.

図　アウトルック・タワーの立面図と各階のおもな用途——天文台、サマースクール、地域調査や市民調査など。街との関係性の広がりと、それに対応する実践的な取り組みが表れている。

たものだ。[60]このあと、過去の雑誌記事をふたつ引用する。引用の理由は、ゲデスの教育哲学と都市に関する信条を雄弁に物語るうえに、そのことば遣いが、都市のダッシユボードについて議論するときの機能主義的なシリコンバレー用語とは著しい対照をなしているからだ。

　タワーの来場者は、最上階のカメラ・オブスクラへとまず案内され、そこではスラム街から権力の場までふだん見慣れた都市の姿が投影されている。チャールズ・ズウエブリンが一八九九年に《アメリカン・ジャーナル・オブ・ソシオロジー》誌で報告したように、「社会状況と地形との関係の深さに感銘を受けずにはいられない」場所だった。ズウェブリンは続ける。「カメラ

・オブスクラは社会学者にとって、天体望遠鏡と顕微鏡の利点を結合したものだ。近くにあるものと遠くにあるものの両方を見ることができる。肉眼で見る場合よりも広い視野が得られ、一方では乱れた光線を取り除くことで、より美しい風景が台の上に浮かびあがる。そこでは科学者の目と芸術家の目で同時に見ることができる。カメラ・オブスクラの大きな目的は、正しい観察方法を教え、観察の始まりであり科学的分析に入るまえに習慣化しておくべき美への敬いと芸術的審美眼を、あらゆる分析が立ちかえるべき科学的態度と結びつけることだ[61]」。この装置は、マクロな視点と、双方向型のデジタル・ダッシュボードの特徴でもある、細部を「ズームイン」する機能の両方を提供する。ただしカメラ・オブスクラでスケールを変化させるのは、(分析目的というよりも)スケールの変化がもたらす影響を知りたくなり、美意識の面からも興味がわくからだ。

一九〇六年に刊行された展覧会評には、「屋上に出れば、エジンバラの街並みを再び眺めることができる。ただし今度は、(屋内の装置ではなく)日の光と外の空気のなかで見渡せるのだ」とある。ズウェブリンは、「その眺めをより深く堪能できるのは、事前にカメラ・オブスクラを通して、縮小されたパノラマ像を見ていたからだ」と書いた。「来場者はここで、自分を取りまく世界のさまざまな側面——天候、風景を構成する要素と形状、季節ごとに変化する庭園、太陽とのかかわりと時間のもつ意味、方向や方位によるちがいなど——と深く向きあうことになる」[62]。下の階へおりると、図表や図面、地図、模型、写真、スケッチなどの展示物がある。まずはエジンバラの考古学的考察と歴史的進化から始まり、次にスコットランドの地勢、歴史、社会状況、続いてアメリカやヨーロッパの大陸、そして地球へと、しだいにスケールが大きくなる空間の文脈のなかに来場者は位置づけられる（ズウェブリンによると、一八九九年当時はゲデスが設置を望んだ大きな地球儀がなかったため、展示の最終コーナーのあたりは開発途上だったそうだ）。順路の途中には、望遠鏡、小さな気象観測所、測量機器一式、地質図をはじめ、さまざまな科学機器や昔の機械があり、これらは多様なスケールで宇宙について考えるきっかけとなっていた。「タワーをのぼるのは百科事典を読むようなもので、おりるのは実験室にいるようなものだ。そして地下には、上階でおこなわれた作業の結果だけでなく、アリストテレスからフランシス・ベーコン、オーギュスト・コント、ハーバート・スペンサーまで芸術と科学の分野の先人たちが並び、偉大な知性の進歩の様子に光が当てられている」[63]。このように、アウトルック・タワーの建物は物事の理解の仕方をさまざまに体現しており、知性の歴史の案内図と言える。

その一方でタワーは、ゲデスの総合的な教育方法論をかたちにしたものでもあった、すなわち、現代から出発して歴史を深く掘りさげていき、身近なところから出発して周辺地域、地球、さらには銀河系まで拡大していく教育法だった。このタワーは来場者に対して、「自分の周辺地域を充分に理解する」には、生物学、気象学、天文学、歴史学、地質学など、さまざまな専門分野の知見を統合する必要があると認識させた——そう、車体に入りこんだ泥や石を研究する人たちも必要なのだと。[64]

今日の都市のダッシュボードは、アウトルック・タワーのような、豊かな体験をベースにした多分野の教育法や知識論を推進できていない。アウトルック・タワーは、ダッシュボードであると同時に、根底にある知識論を解明する装置だった。さらに利用者を都市そのものへと押しだす射出機(カタパルト)でもあった。「結果を賢く活用するには、地理学者はどのようにして結果が得られたのかをある程度知っておかなければならない」、つまりデータがどこから来たのかを「知っていなければならない」ことを示したのだった。[65] ここでの教訓は、たんにスクリーン越しに見るだけでは都市を知ることはできないということだ。ときには目視で飛びまわったり、爆発しそうなラジエーターをなだめたり、泥のなかを歩きまわったりすることも必要なのである。

だがもし、都市のダッシュボードで泥のなかを澄みわたらせようとしたら、それはどのように見えるだろうか。どんなふうに機能するだろうか。データフェミニズムの原則を体現したダッシュボードをデザインしたら、どうなるだろうか。データフェミニズムとは、二元的思考（よいか悪いか、緑か赤か）に疑問を投げかけ、ゲデスのタワーと同様に提示するデータを文脈化し、データの感情的・具体的側面を伝え、データ収集と分析に伴う労力を可視化するものだ。[66]一部のアーティストやデザイナー、基幹技術者は、ユーザーを未来の都市へ押しだし、多様な価値観――効率性や収益性、規律によって強制された安全性ではなく、おそらくは責任感や正義、配慮、あるいは、異なる社会的要素が共存するフェミニズム、人種的公平性、環境正義〔人種、性別、所得、国籍などにかかわらず、すべての人が安全で公平な環境で暮らす権利があるとする理念〕に合致するその他の原則――に沿って新しいアーバニズムをモデル化するためのプラットフォームとして、実験的なダッシュボードを開発してきた。たとえば、ふだんは監視する側の人たちに監視カメラを向けたらどうなるだろう？　ダッシュボードが、それ自体と、監視対象の全システムを作動させるのに必要なエネルギーを追跡するとしたらどうなるだろう？　社会から疎外された人たちを標的にして、貧困による行為をたやすく違法として断罪するような、「路上犯罪」の摘発を優先するシステムを構築するのではなく、都市のダッシュボードが「ホワイトカラー」の犯罪を追跡し、過剰な力の行使について警察の責任を追及するとしたらどうだろうか。[67]もし社会が、何かが起こってからの事後的な対応ではなく予防的な医療を優先したらどうだろう。その場合、ダッシュボードの表現はどのようになるだろうか。過去の数字を列挙するだけでない、将来展望型のダッシュボードなら、防げた入院日数や読まれた本の冊数、保健所から救いだされた迷子動物の数、公平性に向けた歩み、修復的司法〔司法を、被害者・加害者・地域社会の話し合いをつうじて、関係者の損失の修復を図るためのものとする考え方〕の成功事例数を記録したりできるかもしれない。

ここ数年、ユトレヒト大学（オランダ）のナナ・ヴァホーフ、ミシェル・デ・ランゲ、シグリ・メルクスは、アートとデザイン分野の多彩な顔ぶれと協力し、一連のワークショップを開催してきた。都市のデータセットや、これらがインタフェースやダッシュボード上で視覚化されてきた従来のやり方、ツール類をどこにどんなふうに配置するか、従来の方法論とデザインの選択が政治的にどのような意味をもつかなどを考察し、都市のインタフェースを再考する目的のものだ。ある年のワークショップでは、人間以外の主体も多く存在する多様な生態系として都市をとらえ、その前提に立ってダッシュボードをデザインするように参加者に呼びかけた。このようなダッシュボードは、たとえば、都市の廃棄物処理システムとその建設活動とネズミの棲息数のあいだの相関関係を、あるいは、エネルギー使用量と開発状況と生物多様性のあいだの相関関係を明らかにするかもしれない。

また別のセッションでは、参加者が「都市の共有地（コモンズ）に対する住民の権利」を強調するダッシュボードを提案した。これは、現代で主流となっている私有財産に焦点を当てたデータ収集や表現のあり方を揺るがすものだ。参加者たちは、人の行動を遅くさせ、思い込みや自動操縦的な思考に陥らずに、ダッシュボードによる統治の先入観や限界を熟考させるような「摩擦」——エリック・ゴードンとガブリエル・ムガールは「意味のある非効率性」と呼ぶ——を敢えて生みだす、「批判的」なインタフェースの制作を奨励された。客観的な真実を表していると謳う、手触りのいいシームレスなユーザー体験ではなく、ユトレヒトのデザイナーたちの作品は、都市データとその表現の偏り、主観性、政治性、さらにはディープな知識論的・存在論的な仮定も浮き彫りにした。[68]

最後に、リディア・ジェサップの提案を紹介しよう。ジェサップは、ニューヨーク大学ITPクリエイティブ・テクノロジー・プログラムの修士論文として、従来の「スマートシティ」の価値や、歴史上の抑圧の流れを強化するのではなく、「公平性、環境持続性、メンテナンス／ケア」を前面に出した、将来展望型の都市のオペレーティングシステムとインタフェースを提案した。[69] これらのテーマについては第四章で掘りさげる。ジェサップは、見過ごされがちな（実際に地下にあるので見えにくい）インフラの例としてレインガーデンを挙げる。バイオスウェールとも呼ばれるレインガーデンは、雨水流出水を地下に濾過浸透させ、道路の排水と都市の水路の水質を改善する役割を果たす（図18）。ジェサップの提案には、もち運びができ、そこに住んでいるように操作できる、ダッシュボードに似た機能をもつ仮想現実ツールが含まれていて、レインガーデンの管理者がツールを介し、こうしたテクノ有

図 18.　リディア・ジェサップの提案した〈アーバン OS〉。ここには、レインガーデンの管理日誌の拡張現実インタフェースが表示されている。このインタフェースをつうじて、ガーデンの管理者はさまざまな測定値とその記録に「入りこむ」ことができる。水滴のサイズと色で土壌の水分量を表すようになっている。

機システムの水分量や温度、植物の蒸散量を監視できるようになっている。さらに彼女は、交通量や投資額や犯罪行為ではなく、レインガーデンの有機的な働きのなかにある「目に見えない流れ」と触れあうように呼びかける。都市のコンクリートの下には、「土、岩、砂利でできた生きているスポンジ状の世界があり、より大きな水生態系の一部として隠れた仕事をしている」と。ゲデスのタワーと同様、私たちはジェサップのダッシュボードを活用することで、土と再び親しみあい、土を通して、効率や最適化といった「指標」にとらわれず、それよりもはるかに広大な都市生態系と豊かな関係を築いていけるのではないだろうか。

第二章
都市はコンピューターではない

二〇二〇年の春から夏にかけて、私たちが都市について知っていると思っていたことの多くが覆(くつがえ)ってしまったようだ。世界規模のパンデミック、外出制限措置、経済への大打撃、サプライチェーンの寸断、失業率の急上昇、警察による暴力行為の映像の拡散(もちろん、以前にも目撃したことはあったが)、制度的な差別主義の存在をあらためて思い知らされる出来事が重なり、多くの国が対応に追われ、報いを受けることになった。補完的なサービスやサプライヤーが近くにあり、知的で創造性豊かな頭脳が集中していることから、大都市立地を長く正当化してきた産業や企業も、一夜にしてテレワークに移行した。計画された高密度、大量輸送機関、満席のレストラン、舞台芸術施設など、それまでアーバニズムの魅力、活気、持続可能性の根幹をなすと考えられてきたものが、一転して負債と見なされるようになった。図書館や博物館、舞台芸術施設、レストランは閉鎖され、アナリストのなかにはこうした施設や事業のかなりの割合が再開できないだろうと予測する者もいた。一方、公園や歩道など、人が行き来したり距離をとったりすることのできるスペースは、その重要性が——

―同時にその希少性も――明らかになった。また、メンテナンスとサービス業に従事する人たちが不可欠な存在であると同時に、脆弱な立場にあることも露わになった。

一部の批評家やプランナー、都市の行政当局者は都市の本質について、（必ずしも正しくはない前提のもとで）存在論的な問いを投げかけた――密度が危険だというなら、身体的な社会性が必要でないなら、文化がデジタル化できるのなら、都市を都市たらしめるものはなんなのか？　感染者数のグラフや抗議行動の動画があふれるなかで、知識論的な問いも重要な意味をもっていた――都市はどのような種類の知識を育んでいるのか？[1]　都市のインフラは情報の生成、共有、保存をいかに進めるのか？　都市は私たちに自分自身について何を教えてくれるのか？

具体的な例を挙げてみよう。教育機関や文化施設が閉鎖されたことは、そうした機関や施設がその都市でどのような役割を果たし、都市のどのような価値観を支えているのかについて疑問を投げかけた。たとえば、学校がオンライン授業になった際に、生徒の自宅にインターネットに安定してアクセスできる環境がなく、図書館も閉鎖されたらどう対応すればいいのだろう（これらの疑問の一部については第三章で取りあげる）。警察廃止論や制度的な人種差別についてこれまであまり考えてこなかった人たちも、都市の警察予算を気にするようになり、不正義が慣行となって広がる現実を理解するためにアフリカ系作家の本を読むようになった。地域の人々は、広場に置かれた彫像をあらためて眺めては、これらの文化遺産の具現物が、彼らの歴史の重みと葛藤を誠実かつ包括的に反映しているのかと疑いはじめた。隔離されて気が変になりそうなアパートの住民たちは、ネットフリックスや「どうぶつの森」シリーズから我が身を引き剝がし、肉体と声、そしてプラカードをもって外へ繰りだし、人種的不公平とその是正をうったえた。都市計画の専門家（アーバニスト）は疫学分野に注目しはじめ、大手テック企業が開発した接触追跡アプリから抜きだされるデータの倫理的・方法論的な利用可能性とその限界に疑問を抱くようになった。大手テック企業はその広範な影響力と独占状態から、世論や議会の監視を受けていた。公衆衛生当局は、デジタルで衛生や健康を監視するだけでは限界があることを認めた。ウイルスを追跡するには、倫理面にも配慮がなされた「定性的」データに基づく手法と、靴底をすり減らすような粘り強い実地調査も必要だった。その後、秋から冬にかけては、都市全体に、あるいはそのスケールを超えて広がる、長年放置されてきた知識論的問題――選挙データとその生成プロセスに対する信頼低下や、陰謀論の拡散、資金不足の公共メディアや公立学校が陰謀論を防ぐために果たすことのできる潜在的な役割など――が浮き彫りになった。

　大都市の新聞、ポッドキャスト、Ｘ（旧ツイッター）のスレッド、多くのＺｏｏｍシンポジウムがこうした疑問に取り組んだ。これらのメディアは、それぞれなんらかの方法で、都

市は何を知っているのか、どのような空間的・技術的手段を通してその知を生みだしている
のかを探求しようとした。隔離先からコミュニケーションに加わってくる人たちは、この絡
みあった危機の瞬間が、都市のあり方、設計、運営、管理に対する考え方に劇的な変化をも
たらすのかどうかを知りたがっていた。政策立案も都市計画も学術書の出版も、通常はゆっ
くりとしか進まないため、これらの疑問に対する答えは、現場での状況が詳らかになるにつ
れ、今後数年、おそらくは一〇年単位の時間をかけて明らかになっていくだろう。一方、パ
ンデミックのさなか、都市計画にまつわる一大事件が起こっていた。大きな変化の象徴であ
り、おそらくは病状でもあるそれは、〈サイドウォーク・ラボ〉社がトロントから撤退した
ことだ（追いだされたとも言える）。

二〇一五年、アルファベット社ができるまえにグーグルが立ちあげたサイドウォーク・ラ
ボは、センサーのネットワークや自動化システムのような「先進のデザインと最先端技術」
を組みあわせて都市問題を解決することに特化した、「アーバン・イノベーション」を追求
する企業だった。その翌年私は、同社が本社を構えたニューヨーク市の「スマートシティ」
計画であるハドソンヤード開発と絡めてサイドウォーク・ラボについて記事を書いた。[2] 二〇
一七年、ニューヨーク市の元副市長でブルームバーグ社の元CEOでもあったダニエル・ド
クトロフの指揮のもと、サイドウォーク・ラボはトロントのウォーターフロントにあるキー

サイド地区の開発を受託した。ドクトロフは二〇一六年、「サイドウォーク・トーク」ブログに、「インターネット時代にゼロから都市をつくったらどうなるだろうか？　つまり、インターネットから都市をつくるとしたら？」という記事を投稿している。[3] サイドウォーク・ラボの立ちあげ以降、ドクトロフは多くの公の場で、修正主義的なところのある歴史観を披露し、自社を都市インフラの次なる革命の触媒に位置づけると発言した。「歴史を振りかえると、経済と生産性の飛躍的な向上は、イノベーションを物理的な環境に、とくに都市の環境に統合した時期に起こったと言える。蒸気機関にしろ、送電網や自動車にしろ、どれも都市生活を根本から変えたが、じつのところ第二次大戦前から都市はさほど変わっていない。一八七〇年と一九四〇年の都市の写真を比較すると、夜と昼ほどちがい、まったくの別物だ、だが、一九四〇年の写真を現在と比較するとどうだろう。ほとんど変わっていないのではないか。だから、コンピューターやインターネットの出現にもかかわらず、成長は鈍化し、生産性の伸びも低迷しているのは驚くにあたらない。したがって、われわれの使命は、都市イノベーションのプロセスを加速することだ[4]」

　ドクトロフのチームが提案した計画は、二一世紀のアーバニズムに見る多くの優良事例――歩行者や自転車に優しい街路、手ごろな価格の住宅、持続可能な建築物――を取りいれ、そこに生成設計ツールや高性能光ファイバー、ダッシュボード的な「公共空間総合デジタルマップ」などのハイテクを重ねたものだった[5]（図19&図20）。だが、キーサイド地区の開発そのものにおいて都市革新、循環、接続性を加速させるという試みにもかかわらず、チームは設計プロセスのなかで政府の官僚主義や民主的な討議の遅さ（彼らにとっては遅さに意味のあることが多い）に頻繁に直面する[6]。多くの技術者が本質的に善ととらえる効率的な計算ではなく、議論と手続きにかかる時間がもたらす遅延だった。資金調達や行政の法令問題、データの機密性保護など、さまざまな懸案事項をめぐる、長く混沌としたプロセスを経て、ドクトロフは二〇二〇年五月、再びサイドウォーク・トークに登場し、キーサイド・プロジェクトの中止を発表した。名目としては、ＣＯＶＩＤ-19によって生じた「前例のない経済的不安定性」が挙げられた[7]。

こうした経済の動きは計算での予測が可能であり、その結果、ドクトロフのチームはこのプロジェクトは採算がとれないと判断したわけだ。ただし、計算モデルにはなじまないものの、プロジェクトの結末をより強く決定づけた可能性が高いのはむしろ、市民のかかわりと受け止め方にあったようだ。地元の公共技術の専門家でサイドウォーク・ラボを批判していたビアンカ・ワイリーは次のように書いている。「失敗の一因はたしかに世界情勢の変化にあったが、それを理由にするのは、市民の支持者と批判者双方からの長年にわたる継続的な関与を軽視している。プロジェクトは発足当初から、都市がいかに民主主義の砦（とりで）であるかを

図 19.「サイドウォーク・トロント」プロジェクトのショールーム（実験的ワークスペース）にある生成設計プラットフォームのディスプレイ。

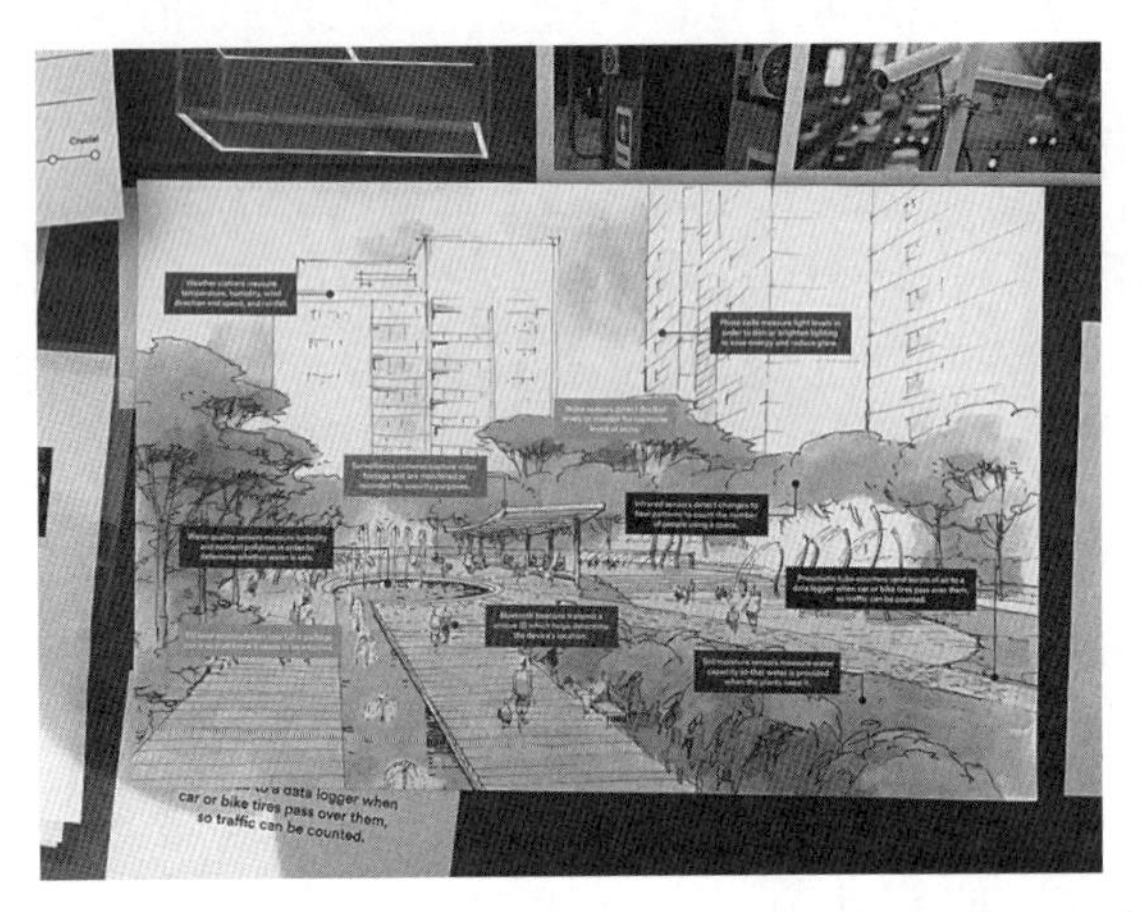

図 20.　キーサイド地区で計画されているさまざまなセンサーを図示したポスター。

見誤っていた[8]」

「サイドウォーク・トロント」プロジェクトの頓挫は、ある時代の終わりを告げているようだった。同プロジェクトは、複数のスマートシティ構想のなかでとくに目立っていたが、過去数年間に放棄されたり、軌道修正されたり、中断もしくは中止されたりしたものはほかにもある。韓国の松島（ソンド）、アラブ首長国連邦（UAE）のマスダールも、スポットライトから外れてしまった。クイーンズ区で検討が進んでいたアマゾンの東海岸本社となる第二本社の設置は一部のニューヨーカーに阻止され、アルファベット社はケンタッキー州ルイビルでの「グーグル・ファイバー」プロジェクトから手を引き、他の自治体でのサービスも縮小した。[9]

デザイナーやプランナー、投資家、技術者、デベロッパー、起業家精神にあふれた都市のリーダーたちは長年にわたり、未来の都市像を熱心に唱えてきた。そこでは、埋めこまれたセンサー、至るところにあるカメラやビーコン、ネットワーク化されたスマートフォン、ダッシュボード、そして全知全能のオペレーティングシステムが、かつてない効率性、シームレスな接続性、利便性をもたらし、とくにそうした新技術を楽々と享受できる金とスキルをもつ者にとっては、アーロン・バスターニが言うところの「完全自動のラグジュアリーな共産主義（コミュニズム）」（あるいは資本主義（キャピタリズム）。スマートシティはさまざまなイデオロギーに当てはめることができる）が現実になるだろうと。だが、このような都市像は、魅力も、実現可能だという信念も薄れてきているようだ[10]。

とはいえ、そのファンタジーを実現する技術的手段は、他の用途にたやすく流用されていった。非情なトランプ政権、COVID‐19、ブラック・ライブズ・マター（黒人の命を粗末にするな）運動の蜂起が、これらのツールやプラットフォームにとって、ポストパンデミック、ポスト派閥主義の未来（そのような未来が本当に来るのかはともかく）へ向けて自らの立ち位置を再構築し、リブランドするための肥沃な土壌となった。かつて自律走行車やドローン配送に不可欠な装備として売られていた装置類は、公衆衛生や安全監視のための重要なインフラとして正当化されるようになった（実際に、長くその役割を果たしてきた[11]）。第一章で述べたように、スマートテクノロジーは、その場しのぎではあるが便利な解決策となることがよくある。手っ取り早く、しかも往々にして儲かる、ターゲットを絞った解決策があれば、リーダーたちは住民の健康や人種間の不公平、制度破綻の根本的な原因を調査し問題を解消する責任から逃れることができる。

シリコンバレーは動きが速く、物事を壊していくが、都市は責任をもって設計・管理されるべきであり、複数の危機が都市ソリューションの迅速なプロトタイプ化を必要としているように見えたとしても、そのような無頓着は許されない。これからの数年間で私たちは、スマートシティの夢がどのような姿になるのかを目撃することになるだろう。監視カメラやケーブルがどんなかたちで（再）配置されるのか、行政府は大手テック企業との関係を深めるのか断ち切るのか、そして、ＣＯＶＩＤ‐19やブラック・ライブズ・マター、二〇二〇年の選挙危機の教訓がどの程度私たちに定着するのだろうか。抗議活動のために集まった人々、緊急事態に伴うオンライン学習や遠隔医療への移行、医療や選挙に関する誤情報の拡散、ケアネットワークをつうじた支援物資の配布、これまで見えなかったところが見えるようになったサプライチェーンやサービスワーカーから、私たちは何を学んでいるだろうか。それでもやはり、インターネットから都市を築きたいと願い、アルゴリズムの管理ロジックに合わせて学校やオフィスや道路を設計し、病気の人や反抗的な人、社会で疎外された都市住民を追跡するコンピューターツールを活用したいと切望するのだろうか。ドクトロフの提唱する「都市はコンピューターである」というビジョンを支持するのだろうか。それとも、別のモデルや比喩、運営モードが台頭してくるのだろうか。もしそうなら、それらの知識論的・政治的な意味はどのようなものになるのだろう。

都市の比喩

半世紀以上にわたり、大手テック企業は、サンフランシスコ、シアトル、深圳（しんせん）など本社を構える場所の人口動態をゆがめ、知的資本を抱えこみ、過密を悪化させ、不動産価格を吊りあげ、都市の姿を変貌させてきた。[12] とはいえ、こうした大企業にしてもゼロから都市を建設する贅沢を享受できるようになったのは、新しい千年紀、二〇〇〇年代に入ってからだ。シスコ、シーメンス、ＩＢＭなどの企業が、不動産開発業者や政府と提携して、アメリカ大陸やアフリカ、アジア、中東でデジタル都市開発を推進し、白紙状態（タブラ・ラサ）からスマートシティを構築したのだ。このトレンドは依然として続いている。二〇二〇年晩春、世界がトロントの失敗例を目の当たりにしたあとにも、中国最大のインターネット企業〈テンセント〉はシアトルの建築設計企業ＮＢＢＪに、深圳のダチャン湾港沿いにある「ネットシティ」と呼ばれる計画都市の設計を発注した。[13] 二〇二一年初頭には、サウジアラビアが、全長一七〇キロメートルに及ぶスマートシティ、「ザ・ライン」の建設計画を発表した。

　プランナーやプログラマーの協力のもと、設計チームはウェブや「モノのインターネット」の理想化したネットワーク構造を都市の形態に変換することを構想した。プログラマーで技術系ライターのポール・マクフェドリーズはこう解説する。「都市はコンピューターであり、街並みはインタフェースであり、あなたはカーソルであり、スマートフォンは入力デバイスである。これは、都市はコンピューターだとする考え方をユーザーを基準にしてボトムアップしたものだが、逆に、システムベースのトップダウン・バージョンもある。トップダウン・バージョンは、交通機関やゴミ処理、水道などの都市システムに注目し、それらが

『スマート』であれば、より効率的で秩序だった都市になるという立場をとる」[14]。「都市はコンピューターである」というモデルは、「都市はプラットフォームである」モデルや「都市はオペレーティングシステムである」モデルなど、微妙にちがうサブカテゴリを生みだしてきた[15]。これらの比喩はそれぞれ、都市計画、行政、市民参加のための異なる場所や機関を想定しており、人か背景、構造か基盤、インタフェースかコードのどちらかをより重視する。また、都市づくりにおけるプランナー、行政当局、市民の潜在的な介入の場所や程度、都市システムをつうじた情報の流れ方、どのような市民データを読みとって操作できるのか、そのデータをもとに市民に対して何かを「実行」できるのか、さらにはどのような市民データに価値を置くのかについても、とらえ方や度合いの異なることを示唆する。

　サイドウォーク・ラボのようなプロジェクトが構想されたのはクラウドコンピューティングと人工知能の時代になってからだが、前時代の空想が基になっている。インターネットが数個のノードをつなげたにすぎなかった時代から、アーバニストや技術者、SF作家、映画制作者らは、コンピューターとネットワークが張りめぐらされたサイバーシティやデジタル版理想社会（イートピア）を思い描いてきた[16]。モダニズムのデザイナーや未来学者たちは、都市の姿と回路基板（サーキットボード）とのあいだに形態学上の類似性を見いだしていた（図21）。遠隔通信の新技術が物理的な地形を飛び越えて政治経済の姿を変えてきたように、コンピューティングの新技

図21. クリストフ・モーリングハウス撮影、『モトローラ68030』、2016年。都市の形態を思わせるマザーボード。

術が都市のプランニングやモデル化、行政を特徴づけてきた[17]。
　近代という時代は比喩を書きなおしていくのが得意だ。都市は機械である、都市は有機体である、都市は生態系である、都市はテクノロジーと有機体を融合したサイボーグである、という具合に[18]（図22）。こうした比喩は、時代の精神を反映して移り変わり、私たちが都市のプランニングや形態、行政、メンテナンス、市民権などをどうとらえるかを決定づけるうえで大きな役割を果たしている。たとえば、「都市は機械である」は、分割可能な部分の総和として都市を見ている。この場合の都市は資本主義的な成長を重んじ、効率性を追求し、部分を切り離して修繕することができる。機械

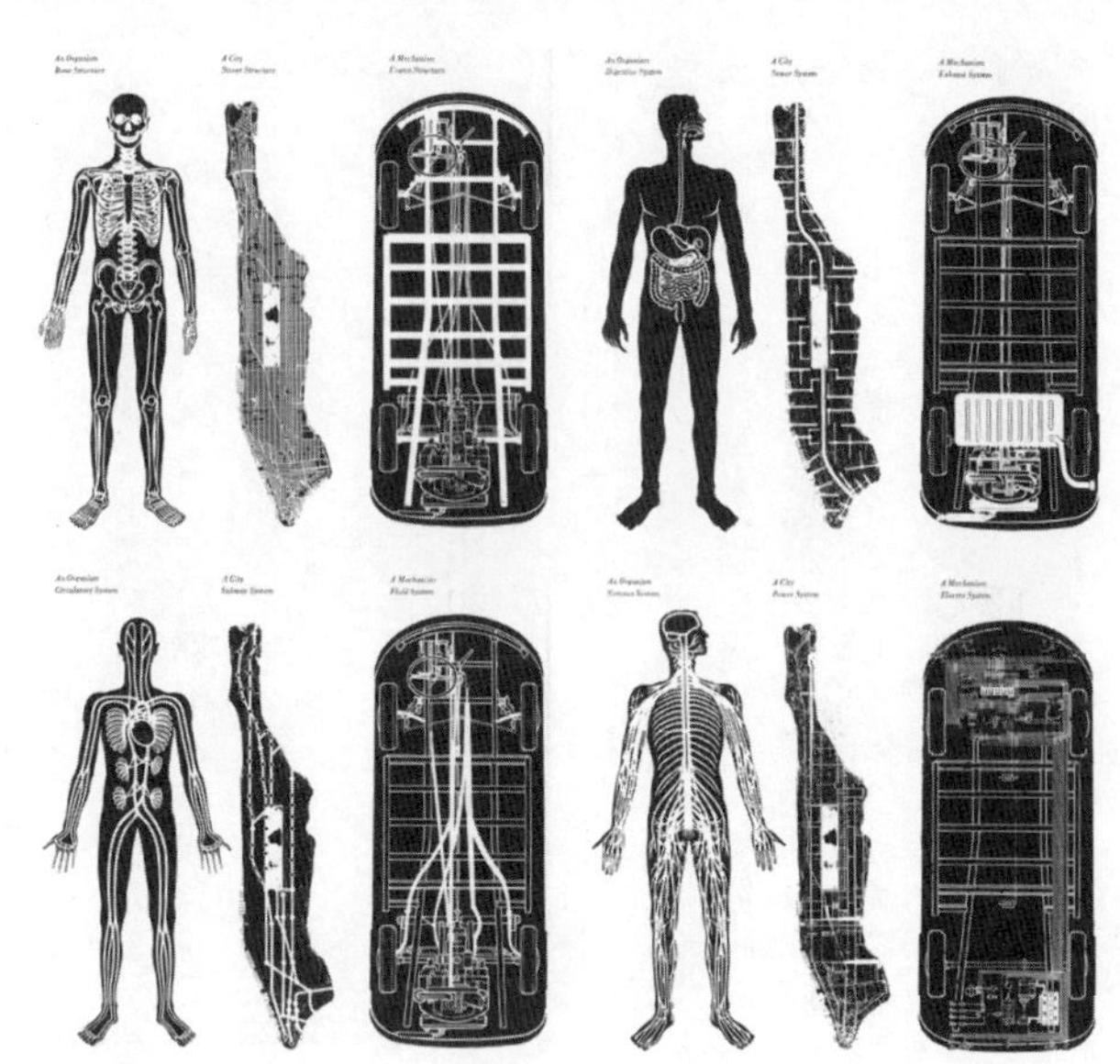

図22.　オズワルド・マティアス・ウンガース、『*City Metaphors*』（都市のメタファー）、1976年。

としての都市の歴史は機械化時代そのものよりもはるかに古いと唱える人もいる。その根拠として、古代から格子状の配置や直線的パターン、（ツリー構造のような）規則的な幾何学形態が使われてきたこと、また、植民地での都市開発に標準のパターンが設けられていたことを挙げている。[19]

続いて、一八世紀から一九世紀にかけての自然科学の発達を反映した「都市は有機体である」という比喩が登場する。このモデルでは、都市は自己完結型で自律的な存在体であり、互いに補完的に働く分化した部分、つまり器官で構成されているととらえる。建築家のケビン・リンチは言う。「有機体としての都市は、『分化した部分』をもつところは機械としての都市と同じだが、部分が互いに連携し、微妙な作用で互いに影響しあう点で、機械としての都市とは異なっている。形態と機能は不可分に結びついており、全体の機能は複雑に絡んでいるため、たんに部分の性質を知るだけでは全体を理解することにはならない[20]」。

「都市は有機体である」をより具体的に表現すると、独自の循環器系、呼吸器系、神経系、老廃物処理系をもつ、生物物理学的な身体になぞらえることができる[21]。一九世紀半ば、産業化が都市の姿を変え、その成長を促進したころ、医師たちは感染症に関する新しい理論（瘴気や不衛生が原因とする説）を打ちたて、科学的モデルや地図を用いて都市は不健康な場だと論じた。都市のプランナーと保健当局は協力して、衛生改革、ゾーニング、新しいインフラ、道路整備、都市公園を提唱した[22]。健康的な都市や建物をどう物理的に表現するかは、デザイナーによって理想が異なり、意見の一致には至っていない。フレデリック・ロー・オルムステッドの公園、ダニエル・バーナムの都市美運動、エベネザー・ハワードの田園都市、一九二〇年代のゾーニング条例、モダニズムの公営住宅プロジェクト、療養所など、改革を謳うところは同じだが、形態は異なっている[23]。

歴史家のジェニファー・ライトは、二〇世紀のはじめごろに都市関連の新しい専門職に就いた人たちが、「都市研究と政策の策定に、自然科学と自然に対する科学的管理手法の威信と予測可能性をもちこもうとした」と述べている。[24] はじめは化学や物理学の実験室のようなモデルに惹かれるアーバニストもいたが、やがて、その実験手法が都市という領域に当てはめるには倫理面でそぐわないことを認めるようになった。[25] 最終的に、動植物生態学者の用いるフィールドリサーチ手法と概念モデルがより適していると判明し、都市は科学的管理と保全を必要とする生態系としてとらえられるようになる。一方、アーバニストであり、地理情報システム（GIS）の方法論の専門家でもあるリア・マイスターリンは、アルゴリズムによる都市計画が主流となっている時代に、実験室の比喩がもちつづけている魅力と限界について述べている。「都市は、制御された環境下で調査するための必要条件を用意できないだけでなく、むしろ逆の状況を大量に生みだしている。都市が実験室ではないということは、実験室の科学的枠組みのなかで研究が理解される場合、われわれの発見に明白かつ重要な限界をもたらす[26]」

情報化アーバニズムの夢

近年、都市デザインに「システム思考」を提唱する考察記事などが大量に出回っているが、[27] こうした議論の多くはその系譜を第二次大戦後の人工頭脳工学（サイバネティクス）にまでさかのぼることができ、サイバネティクス自体がそもそも、計算機モデルや軍事モデルの影響を受けている。[28] 当時の都市分野の研究者たちは、都市を情報システムや物流システムとして、また都市計画を情報伝達と制御の科学として考えていた。サイバネティクス的なアプローチは、インターネットを基盤として都市を構築しようとする現代の風潮の先駆けと言える。

「都市はコンピューターである」モデルが魅力的なのは、都市生活の混沌とした部分も、プログラミング可能で合理的秩序の支配下に置けるものとして位置づけられるからだ。ランジヨード・ダリワルは、コンピューティングは数字やバイナリ（1と0）、アルゴリズム、自動化、アドレス指定など、それぞれが秩序と制御の存在を示唆するものと結びつけられてきたと論じる。[29] 人類学者のハンナ・ノックスは語る。「社会の諸問題に対する技術的解決策としての情報通信技術は、混乱から秩序への、また近代の開放的な政治への道筋をカプセル化する」。[30] そこには前時代の響きもある。コンピューター都市はそのパワーを、記録保持や情報管理装置としての都市という、何千年もまえから存在する都市のイメージから引きだしている。

私たちは長いあいだ、都市を知識の保管庫やデータの処理装置と考え、実際に都市はそのように機能してきた。建築評論家で歴史家のルイス・マンフォードは、それまでは放浪していた中世ヨーロッパの統治者が、のちに首都となる大きな街に定住しはじめると、「事務方と常勤の役人を大量に配置」し、各種の文書や政策（証書、徴税記録、通行証、罰金、規則）を作成し公布するようになり、その結果、都市の新しい装置として、役人が仕事をする場所となる建物が必要になったと指摘している。[31] 典型的な例が、一六世紀半ばにジョルジョ・ヴァザーリが設計した、のちにウフィツィ美術館となるフィレンツェの行政機関の事務所だ。この建物はその後、世界中の都市で模倣される建築のひな型となった。マンフォードが言うように、「官僚制度の反復と規則化」、すなわちデータの処理と書式化と保存は、初期の近代都市に「深い刻印」を残した。[32]

情報の処理機関としての都市の役割は、さらに昔にさかのぼる。古代には文字の発明と都市化は同時期に起こった。初期の文字体系（粘土板、泥れんがの壁、さまざまな地形に刻まれたもの）は、取引を記録し、土地の境界を決め、祝賀の儀式を執りおこない、景観に文脈の情報を埋めこむために使われていた。[33] マンフォードは、「都市は、都市は基本的に交流がおこなわれる空間であり、情報に満ちた場所だと述べている。「都市は、物理的および文化的な力の集中を通して、人間交流のテンポを速め、その成果を保存したり複製したりできるようなかたちに変換してきた。記念碑や、文字による記録、約束事に則った交際習慣をつうじ、都市はあらゆる人間活動の範囲を広げ、それを時間軸の前後へと拡張してきた。保管装置（建物、金庫、公文書館、記念碑、粘土板、書物）を用い、都市が複雑な文化を世代から世代へ伝達する能力をもてるようになったのは、こうした遺産を引き継ぎ、拡大するために、物理的手段だけでなく、人間という要素も結集させることができたからだ。これはいまも都市がもたらす大きな贈り物でありつづけている。都市に住む人間が織りなす複雑な秩序に比べると、現代の情報伝達と保管を担う精巧な電子機器といえども、粗雑で制約が大きい代物にすぎない。[34] マンフォードの描く都市は、伝達手段の形態（金庫、公文書館、記念碑、物理的・電子的記録、口承歴史、生きた文化遺産）や、仲介物（構造物、制度、伝達技術、人間）、機能（保管、処理、伝達、複製、文脈化、運用）の集合体である。[35] 巨大で複雑かつ多様な知識論的および官僚的な装置である。たしかに都市は情報処理装置だが、それだけではない。

もしマンフォードが現代に生きていたら（一九九〇年没）、都市はインターネットをただ大きくしたにすぎないという考えを真っ向から否定しただろう。都市づくりとは、空間最適化のパラメーターを設定するよりももっと奥深いプロセスであり、歴史や偶然性を織り交ぜる必要があると私たちに思いださせたはずだ。都市はコンピューターでは**ない**。わかりきった真実に思えるかもしれないが、都市計画や行政、さらには公衆衛生や治安維持のロジスティクスさえもアルゴリズムや対処能力をもった個々の行為者・組織に任せればいいと語る技術者や政治家たちによって、この真実は再び脅かされてきた。[36] 明らかに誤った比喩を暴くことがなぜ重要なのか？　その理由は、比喩が技術モデルを生み、それが設計プロセスに影響を与え、ひいては物的な都市のみならず、都市の知識や政治をかたちづくっていくからだ。都市の情報機能を置く拠点やシステム、つまり都市の景観のなかで情報の処理、保管、伝達が「おこなわれている」場所が、都市の知性についてのより広範な理解を形成する。

都市の知識論的生態系

都市を情報処理装置と見なす考え方は近年、データを保存し伝達する場所に対する文化的な執着として現れている。研究者やアーティスト、デザイナーはインターネットインフラについての本を執筆したり、データにまつわる場所へのウォーキングツアーを開催したり、マップを作成したりしている。私たちは、何千台ものサーバーがうなり声をあげる目立たない建物や、監視カメラ、カモフラージュされたアンテナ、ホバリングするドローンを指差し、都市のコンピューティング機能がそうした特定の場所やシステムにあると指摘することに喜びを感じる。[37] だがこうした行為は情報を固定化し、要約し、さらには政治性を見えなくするリスクをはらんでいる。データを「与えられたもの」として扱うとき（実際、data ということばの語源だ）、私たちはそれを交通量や群衆のような都市の設備として見ている。視点をシフトし、都市情報のライフサイクルに目を向け、データを文脈のなかでとらえる必要がある。都市情報は、さまざまな空間と主体（人や物や組織）がさまざまに相互作用する、多様な都市型生態系のなかに分散しているのだ。データを生む、人的、制度的、技術的なクリエイター、データの収集・整理者（キュレーター）、データの品質を向上させるクリーナー、データの保全者（プリザーバー）、所有者、ブローカー、データの能動的な「ユーザー」、ハッカー、批評家を見る必要がある。マンフォードが理解していたように、ここではたんなる情報「処理」以上のことが起こっている。都市情報とは、なんらかの手段によって「作成」され、商品化され、アクセスされ、秘匿され、政治材料にされ、運用化され、保全され、消去されるものなのだ。

だが、どこで？　私たちは、チップやディスクドライブ、ケーブルや格納場所など情報管理の拡張された生態系が存在し、機能している具体的な都市の建造物やインフラを指し示すことができるだろうか？　長年、私は複雑な技術的・知的構造を、それらの物的・地理的な姿に変換することの、つまり「データがどこに存在するのか」をマッピングすることの課題について論文を書き、学生に指導してきた。[38] こうした演習は、より大きなシステムへの入口を特定するのに役立つことがある。インフラを構築する物体だけでなく、人員や文書、プロトコル、機器類と管理慣行、情報経路と文化面の変数など、都市情報のより大きな生態系のなかで地形をかたちづくる要素も重要なのだ。

だからこそ、次にあなたが監視カメラや電柱の上の怪しい仕掛けを見かけたら、それがなぜそこに設置されたのか、どのようにデータを生成し、フィルタリングしているのか——つまり、機器の技術的な仕組みだけでなく、どのような情報を収集しているのか、どのような方法で収集しているのか、そして誰の利益のために作動しているのかを知ろうとしてほしい。[39]都市を丸ごとコンピューターのように考える総体的な見方に惑わされず、都市には多様な形態のデータがあり、市役所や部課、大学、病院、研究所、企業など、知識を生む多様な場所があることを忘れないでほしい。こうした場所にはそれぞれ、都市の情報化に対して独自の方向性がある。よく目にする例を挙げてみよう。

第一に、市のアーカイブだ。ほとんどの都市には今日、行政活動や財務、土地所有権、財産税、立法、労働に関する記録を収めたアーカイブがある。古代メソポタミアやエジプトの都市のアーカイブにも同様の資料が保管されていた（ただし、現代の文書機能と同じような役割を果たしていたかどうかについては歴史家のあいだで諸説ある）[40]。アーカイブは、財務の透明性を確保し、統治機関や植民地支配者の正当性をわかりやすく見せつける役割を担う一方で、過去の統治者や征服された人たちの遺産を消し去る役割も果たしてきた。アーカイブはある文化に根づく歴史意識や豊かな知恵の記念碑であり、現代においては、ジャーナリズム、系譜学、学問研究の支えでもある。[41]アーカイブに備わる「情報」はその記録内容だけでなく、アーカイブの存在そのもの、来歴、組織方法（アーカイブの形式を調べることで、その文化の理想像について多くを学ぶことができる）、さらには抜け落ちている部分や削除された部分にも宿っている。[42]

当然ながら、すべてのアーカイブがイデオロギー的に中立なわけではない。後述するように、地域社会のアーカイブは、多様な人たち、とくに歴史の記録から省かれやすかった人たちの個人の歴史や知的貢献に光を当てる。一方、法執行機関や税関・出入国管理局は、地理的に分散している国家安全保障局など連邦政府の情報保管庫とネットワークで結ばれており、そこでは社会的に排除されがちな人たちを過度に大きく扱う傾向がある。これらのアーカイブは性質が異なり、「データ」もちがえば、「処理方法」もちがう。

キュレーション〔特定のテーマに沿って情報を収集・整理・公開すること〕とアクセスにまつわる実践と政治性はその歴史上、アーカイブを、都市情報のもうひとつの重要な場所である図書館と区別してきた。アーカイブが未公開資料を集め、その保存と保全に注力するのに対し、図書館は公開資料を集め、それらの資料を利用者にとってわかりやすく、利用しやすいものにすることを重視している。実際には、このような区別はあいまいであり、異論も多い。とりわけ、多くのアーカイブがより広い公開を目指している今日にあっては区別がむずかしい。それでも、アーカイブと図書館というふたつの機関が体現する知識体制とイデオロギーはたしかに異なっている。

現代の図書館と図書館員は、利用者がプラットフォームや書式のちがいを超えて情報にアクセスできるようにし、「情報リテラシー」という名目を掲げ、偏見やプライバシーなどの問題を批判的に評価できるような環境づくりに努めてきた[43]。また、学校や大学、その他の文化的・市民的組織との連携のもとで、所持する資源を基盤とした批判的枠組みを構築する。さらに図書館には象徴的な役割があり、知的遺産（帝国主義や植民地主義、人種差別主義、性差別主義の活動によって獲得された遺産も含む場合がある）に対する責任を体現している。図書館については第三章でさらに深く考察する。

同様に、都市の博物館は、知識を具体化されたかたちの、つまり人工物や物質文化への都市の関与を反映している。繰りかえすが、こうした施設はイデオロギー的な批判を受ける可能性がある。収蔵方針や展示方法、利用手続きは直接的かつ具体的なものであり、特定の文化や知性に関する政治性が透けて見える。これらの問題は、彫像をはじめとした公共芸術にも広がっていった（図23）。二〇二〇年のブラック・ライブズ・マター運動をきっかけに、植民地主義者や南部連合支持者の彫像が汚損され、撤去されたことで、こうした公共の設置物の歴史学的・教育学的・道徳的価値をめぐる議論が巻きおこった。通常は歴史的資源の保存を支持する建築史学会の会員でさえ、「南部連合の記念碑の撤去を支持し、奨励した」のは、過去の過ちの痛ましいが教訓として残す役割を果たしうる他の建築環境とは異なり、これらの記念碑は「浄化された公共の議論を促す触媒とはならず、むしろ白人至上主義と白人

図23.　2020年夏、バージニア州リッチモンドから南部軍の将軍であったトーマス・“ストーンウォール”・ジャクソンの像が撤去された。

支配を表現し、これらの記念碑が置かれた公共空間を利用するアフリカ系アメリカ人市民に不快感や苦痛をもたらす」からだと述べている。[44] 特定の記録の撤去、抹消、損壊は、そしてはじめから特定のデータや知識の収集、保存を拒否することも、私たちの物的な都市がいかに知識と記憶にまつわる政治をかたちづくっているかを示している。

　都市のサーバーや、アーカイブのための保管箱、図書館の棚、博物館の壁に保存され利用されるデータと同じくらい重要なのは、簡単に収納したり、額装したり、カタログ化したり、台座に置いたりできない都市の知性だ。その場所に固有の「情報」のうち、棚やデータベースに収まらないものはなんだろうか？　テキスト化されていない、記録不可能な文化的記憶の形態とはどのようなものか？　これらの問いはとくに、社会から疎外された集団や先住民の文化、植民地支配後の地域にとって重要な意味をもつ。アーバニストのポール・グッドウィンは、デザイナーやプランナー、識者らに、アフリカ系のコミュニティについて研究するよう呼びかけている。彼ら特有の「空間知識、対話の仕方、戦略」が、「反骨分子」的な空間介入をいかに生産的に表しているかを認識し、これらの知見を生かして都市のイメージを変え、新たな都市づくりに臨むよう促す。[45] パフォーマンス研究家のダイアナ・テイラーは、ダンスや儀式、食、スポーツ、口承文化など、その場限りのパフォーマンスを伴う知識形態にとくに注意を向けるよう勧める。[46] このような知識形態は一般的な「情報」にはそぐわず、「処理する」ことも保存することも、光ファイバーケーブルを介して伝送することもできない。だがこれらは、人の身体と心、コミュニティのなかに生きる、都市の不可欠な知性なのだ。

最後に、環境や周囲に内在するタイプのデータについて考えてみよう。建築家のマルコム・マカローは、都市には固定された建築物、持続する地形、信頼できる環境パターンが満ちており、それがすべての構造化されていないデータや視覚情報の流れを支えていると論じてきた。[47] 影の長さや風の強さ、錆の浮き具合、おおぜいに踏まれた階段の摩耗の跡、古びた橋のきしみ音など、物的環境の指標となるメッセージすべてに内在する「意味をもたない情報」から、私たちは何を学べるだろうか？　私はこのような、周囲に内在する情報の知的価値は、都市のデジタルな流動体の安定した基盤、あるいは下地としての機能にとどまらない、もっと大きな役割をもつと主張したい。環境データは背景であると同時に主役でもある。また、メディア専門家のヤンニ・ルーキサスが指摘するように、地域特有のものでもある。これらのデータは、都市の知性がさまざまな形態で現れ、環境および文化の文脈で生産され、長い時間のなかで地球の自然と都市開発にさらされるうちに姿を変え、失われたり忘れ去られたりする可能性のあることを、必然の真理として私たちに思いださせてくれる。[48] 金融市場や交通パターン、データ処理のスケールではなく、気候的スケールや地質学的スケールで考えるようにと私たちを促すのだ。

「情報処理」にそぐわないケース

詩人T・S・エリオットが一九三四年に発表した詩「The Rock」から、知恵と知識と情報を地層の重なりのように洞察した箇所を引用してみよう。

　われらが生のうちに失ってしまった生命はどこか？
　われらが知識のうちに失ってしまった知慧はどこか？

われらが見聞のうちに失ってしまった知識はどこか？
（田村隆一訳[49]）

経営理論学者ラッセル・エイコフは、エリオットの考えをさらに一歩進め、いまでは有名となり議論も盛んにおこなわれている階層構造を提唱した――データ∧情報∧知識∧知恵[50]。データを処理するということは、その各段階で、ひとつまえの段階から有用なものを抽出するということだ。つまり、文脈化されたデータやパターン化されたデータを情報と呼ぶことができる。あるいは、哲学者でありコンピューター科学者でもあるフレデリック・トンプソンのことばを借りれば、情報とは「鉄鉱石という原料から鋼鉄を製造するのと同様、経験という原料に系統化のプロセスを当てはめて得られる成果物」なのである。産業界の比喩を芸術のそれに置きかえ、彼はこうも書いている。「データは科学者にとって、画家のパレットに並ぶ色のようなものだ。情報を与えることができるのは、その理論に芸術性があるからだ。構成こそが情報なのだ[51]」。領域をまたぐトンプソンの比喩は、データを情報に、知識を知恵に変える道が複数あることを示している。

だが「情報処理」という用語は、コンピューターサイエンス、認知心理学、都市デザインのなかで使われる場合、通常は、さまざまな知的活動をつうじて課題を探求していくコンピユーティング手法のことを指す。サイバネティクスの専門家ウォーレン・マカロックとウォルター・ピッツは、精神の計算理論を一九四三年に提唱した。[52] 数学者ジョン・フォン・ノイマンの著作で、没後の一九五八年に出版された『計算機と脳』はその理論を拡張したものであり、以来、多くの哲学者、神経科学者、心理学者、技術者もその理論を展開してきた。[53] だが、心理学者で遺伝学者のマシュー・コブが書いているように、「脳を、入力に受動的に反応しデータを処理するコンピューターと見なしてしまうと、私たちは脳が能動的な器官であり、世界に介入でき、過去の進化によってその構造と機能がかたちづくられた身体の一部であることを忘れてしまう」[54]。神経学者のユーリ・ダニロフも、「(脳は)コンピューターではない。いかなるプログラミングもおこなっていない」と論じ、[55] テクノロジーの発達が、「脳の働きに関する私たちの理解の仕方を変えている」と述べている。神経学者のカール・ラシュリーは一九五一年という早い時期に、普及している技術から認知の比喩を導こうとすることの傾向を認識していた。「(哲学者で数学者の)デカルトは王宮庭園にある水力の仕掛けに感銘を受け、脳の働きを水力になぞらえる理論を展開した。以来、電話理論や電界理論、今日では計算機や自動操舵装置に基づく理論が登場した。このような比較における類似性は、行動の問題を過度に単純化した産物である」[56]。「脳はコンピューターである」という考え方は、科学的努力や医療行為を自らのイメージで強力にかたちづくる、長い比喩の連鎖の真新しい事例にすぎない。
この「都市はコンピューターである」モデルも同様に、都市のデザイン、プランニング、政策、行政、さらには住民の日常体験までをも条件づけの対象とし、健全で公正で、強靱な都市の発展を妨げるものとなっている。私たちはこれまで、都市生態系がデータを「処理」する方法は必ずしもデジタルではなく、アドレス対応やアルゴリズム化に当てはまらない場合があるため、都市の知性すべてが「情報」と呼ばれるわけではないことを見てきた。長期的な気象パターンが地域社会に及ぼす影響を「処理」したり、地域の世代の移り変わりから知見を得たりするには、たんなる計算を超えた感性も必要となる。このような都市の知性には、現場での実体験、参与観察〔メンバーの一員として内側から観察する手法〕、感覚によるかかわりが伴う。たとえば、先住民族と西洋の知識伝承者や科学者は、必ずしも相互に変換できるとはかぎらないものの、気候変動や都市の強靱さを考えるときにその思考を補足しうるすべをもっている。[57] 私は以前、気象科学に関する膨大な物的アーカイブと、そのデータの作成、分析、保存にかかわるなかで蓄積された、体験に基づく知識について書いたことがある。[58]
私たちには、「コンピューターではない」都市について考えるための新しいモデルが必要であり、新しい用語が必要だ。現代の都市論では、「データ」ということばの使われ方が軽薄だったり、逆に偶像崇拝的だったりするため、都市データがどのように意味のある空間情報に変換され、場所に根差した知識に翻訳されるのか、という点についての批判的な視点を失ってしまったように見える。都市の知性のレパートリー（前出のパフォーマンス研究家ダイアナ・テイラーのことばより）を拡大し、情報サイエンティストや理論家（セオリスト）、記録保管人（アーキビスト）、図書館員、精神・思想史家、認知科学者、哲学者、民俗学者など、情報の管理と知識の生産を考える人たちの知恵を活用する必要がある。[59]それらは都市に統合された知性の幅広さをよりよく理解するのに役立つはずだ。だからもし、コンピューティングのロジックを知識論の土台として都市が建設されたり、再建されたりするのなら、都市もその知性もひどく貧しくなるだろう。

　都市の情報資源のライフサイクル、つまり生成、キュレーション、提供、保存、廃棄、そして都市の知的生態系を構成する都市空間や主体の集合体にも、より敏感になることができる。建築家のトム・ベレベスは提案する。「都市を、形成、フィードバック、処理という、複雑な振る舞いをもつ長期的な構築物ととらえるならば、私たちは都市を、学習能力のある組織、あるいは有機体としてさえ見なしうる」[60]。アーバニストやデザイナーたちはすでに、ニューラルネット、細胞プロセス、突然変異、進化の過程といった人工知能研究のコンセプトと手法を活用しはじめている。[61]量子もつれやその他のコンピューター科学の飛躍的進歩が、都市情報についての考え方も変革する可能性がある。ただし、このような学問分野をまたぐ知性を、都市の新たな形式主義に落としこまないように注意しなければならない。

パラメーターを入力してアルゴリズムで処理するという安易なモデリング手法ではなく、記憶と歴史を取りこんだ都市の知識論について考える必要がある。感覚や経験に根差した、世代を超えて受け継がれるものとして空間知能を認識し、人間以外の種の知識獲得方法を考慮に入れ、地元住民や地域社会の知恵に敬意を払い、都市の外観、植物相、彫像、階段などに埋めこまれた情報を意識し、人間の脳の分散認知プロセスと人間をとりまく生態系の知性に類似する分散認知の形態の統合を目指すものだ。

アーティストであり教育者のチェ・テユンは、「都市が人間にとってのコンピューターであるとするなら、都市はバグまみれのソフトウェアを走らせ、コンパイルにもしばしば失敗している」と言う[62]。私たちはまた、都市データの客観性を疑わず、倫理的に重大な意思決定を都合よく機械に委ねてしまうモデルの欠陥にも気づく必要がある。私たち人間は、感覚を介した経験によって、ある場所に長く触れることによって、さらに、体系的にデータをフィルタリングすることによってなど、さまざまな手段で都市情報を「つくりだして」いる。都市においては、こうした多様な知識の生産と管理のためのスペースを確保することが不可欠だ。そして、プランニングやデザインのすべての活動に埋めこまれている、手法やモデルの政治的・倫理的含意と向きあわなければならない。「都市づくり」とはつねに「都市を知る営み」であり、計算に落としこむことはできない。

第三章
公共の知

一〇〇〇年以上にわたり、図書館は資源を収集し、整理し、保存し、市民が利用できるように（あるいは、利用できないように）環境をととのえてきた。メディアの生産と流通システムが進化するなかで、図書館はどこが重要なノードかを少なくとも理解しなければならなかったし、場合によっては図書館自体が重要なノードになる必要があった。手書きで大量の原稿が作成されていた中世の写字室や、グーテンベルク以降の印刷・出版業界の変遷、情報技術の隆盛とそれがもたらす通信回線やプロトコル、関連規則に照らすと[1]、どの段階をとってみても、図書館が機能する空間的・政治的・経済的・文化的な文脈は変化していたため、図書館は絶えず自らを、そして重要な情報サービスを提供する方法を革新しつづけてきた。

図書館はまた、変化する社会的および象徴的な機能も多く担ってきた。収蔵物や物理空間を通して、統治者、国家、都市の威信の象徴となることを、そして知識と権力を密接に結びつけることを期待されてきた。加えて、近年では、「コミュニティセンター」「公共広場」「シンクタンク」としての役割も求められている。こうした現代ふうに見える比喩もじつは深い歴史をもっている。一八八〇年代初期のカーネギー図書館は、スイミングプールや公衆浴場、ボウリング場、ビリヤード場、ライフル射撃場、そしてもちろん書架を備えたコミュニティセンターだった。[2]アンドリュー・カーネギーの資金援助プログラムが国外にも広がり、世界中で二五〇〇館以上の図書館が建設されるようになると、カーネギー財団の事務局長ジェームズ・バートラムは、一九一一年に発行した冊子「図書館の建築に関する覚書」のなかで設計を標準化し、助成金を受けとる図書館に、建築家エドワード・ティルトンの作とされる六つの設計案のなかから選択させた。[3]特筆すべきは、六案のすべてに講堂が設けられていたことだ。

一〇年ほどまえから、図書館を「プラットフォーム」と位置づける新しい比喩が登場しはじめた。プラットフォームとは、開発者が新しいアプリケーションやテクノロジー、プロセスを生みだすための基盤を指す用語だ。[4]第二章で見たように、最近ではプラットフォームを使った比喩は、都市論においては「プラットフォーム型都市様式（アーバニズム）」、経済においては「プラットフォーム資本主義」というかたちで広がりを見せている。[5]二〇一二年、テクノロジストのデイビッド・ワインバーガーは、《ライブラリー・ジャーナル》誌に掲載され反響を呼んだ論文のなかで、図書館を、ソフトウェアの開発だけでなく知識とコミュニティの発展を支える「オープン・プラットフォーム」ととらえることを提唱した。[6]ワインバーガーは、図書館はその収蔵物とメタデータ〔データの属性情報を記したデータ〕のすべて、図書館が開発した技術のすべてを公開し、その基盤の上に誰でも新しいプロダクトやサービスを構築できるようにすべきだとうったえた。プラットフォームモデルは「われわれの注目を、資源の提供から、その資源が生みだす豊かで混沌とした人とアイデアのつながりへと向けさせる」ものだと記している。

古代のアレクサンドリア大図書館は、植物園や実験室、居住施設、食堂を備えた巨大な博物館の一部だった。無数の書物の翻訳や写本の制作、壮大なコレクションの収集・整理だけでなく、エウクレイデス（ユークリッド）、アルキメデス、エラトステネスや同時代の学者たちによる研究成果の発表の場（プラットフォーム）でもあったようだ。現代の図書館もまた、読書会や高齢者支援ネットワーク、ポッドキャスト制作チームのためのプラットフォームだ。図書館内の創造工房や工作室は、建築模型や初歩的なロボットのほか、COVID‐19のパンデミック時には、物資不足だった医療従事者向けの個人防護具の製造プラットフォームになった。小規模ビジネスの起業支援（インキュベーター）は、地元の起業家のためのプラットフォームであり、講堂のステージは、地元の執筆者やミュージシャン、劇作家、ダンサーたちのプラットフォームになっている。

スマートシティと図書館というふたつのテーマを関連づけた数少ない研究、『*Public*

Libraries in the Smart City』（スマートシティの公共図書館）のなかでデイル・レオークとダニエル・ワイアットが書いているように、図書館は「新しい経済のイノベーション・ハブとして位置づけられ、起業活動や、デジタルな未来で成功するために必要なスキルの獲得を支援する」ようになっている。近年では、来館者の流れを監視するセンサーや、書庫から資料を検索して取りだすロボット、貸出・返却の循環を追跡する無線自動識別（RFID）装置タグ、デジタル化されたコレクションにメタデータを付加するための機械学習などを導入している。かつて私のもとには、ブロックチェーンが図書館にどのような革命をもたらすかを追究するウェビナーへの招待状がひっきりなしに届いていた（いまはこの状況が落ち着いてくれてよかった）。図書館は「スマートシティの物語に組みこまれ」、それが都市にとっての図書館の重要性を「強化し、活性化させる」一方で、図書館に「新たな期待と圧力」も課している。レオークとワイアットは、シンガポール、オーストラリア、スカンジナビアの事例を紹介しており、事例を見ると、それらの地では図書館が都市や国の「スマートシティ」イニシアチブに、あるいは国のデジタルインフラ整備イニシアチブに明記されていることがわかる（図24&図25）。図書館は、今後ますます必要になるデジタル知識経済の教養を市民が習得しなおす際の「生涯学習」を支援し、利用者に新しいテクノロジーを紹介し、自動化が進む行政サービスに慣れてもらうための役割が期待されている[7]（カンザス州ウィチタの関係者によれば、

図 24.　オーディ・ヘルシンキ中央図書館の外観（フィンランド、ヘルシンキ）。

図 25.　オーディ・ヘルシンキ中央図書館の最上階（フィンランド、ヘルシンキ）。

利用者が銃声検知センサーのようなスマートシティの新しいテクノロジーを使いこなせるようにするための場として図書館の活用を考えているそうだ——図書館と銃声検知センサーの組み合わせとは世も末か）（図26）。

図26. オースティン公共図書館の「テクノロジー版体験型動物園」（テキサス州オースティン）。

ただし、プラットフォームの比喩には限界がある。ひとつは、「収益化可能な」「知識ソリューション」——すなわち知的財産——を優先するシリコンバレーの起業家精神に基づく知識論の気配が漂うこと。メディア専門家のタールトン・ガレスピーは、テック界では「プラットフォーム」という用語の柔軟な性格（すなわち構造的であり、計算的であり、政治的であり、さらに開放性、中立性、平等主義を包含している）が、簡単に売り物になる性質を与えていると言う。プラットフォームはあらゆるステークホルダーにとってのあらゆることを約束するが、実際には作成者の偏見が染みこんでいる。[8] デューイ十進分類法がその作成者の思想を反映している（デューイは人種差別主義者、性差別主義者、反ユダヤ主義者として悪名高かった）のと同じように、〈フェイスブック〉、〈レディット〉、〈シグナル〉にもその傾向がある。[9] また、デジタルメディアとプラットフォームとの現代の関連づけは、ローテクだったり、技術志向が乏しかったりする図書館の資源やサービスにも備わっているはずの、生産的な能力を見落としがちだ。

さらに、「プラットフォーム」ということばは、特定の構造のビジョンを想起させる。それは、平坦な二次元の舞台の上に、ユーザーが「何かをおこなう」ための資源が並べられているものだ。ダッシュボードのインタフェースと同じく、プラットフォームにはたいして奥行きがないため、私たちはその下や裏側を覗こうとしたり、構造やロジックに疑問を抱いたりはしない。画面上の「真実」だけを見て、その「真実」を生みだしているデータ、アルゴリズム、コード、ケーブルなどの要素を調べることはない。このような無批判な思考が、誤情報の拡散や、社会悪に対する技術的解決策の採用、計算モデルの偶像化、「堅牢なダッシュボードこそが知識の頂点である」という見方を助長するのだ。ワインバーガーの提言とは逆になるが、私たちは、プラットフォーム上で形成される「豊かで混沌とした人とアイデアのつながり」だけに注目するのではなく、「資源の提供」のあり方にも、つまり、どのように資源が作成され、調達され、保存され、市民が利用できるようにされているのかにも目を向ける必要がある。

私は提案する。図書館を、デジタルアーバニズムの理論と実践において中心的な役割を果たしうる、またそれを果たすべきインフラとしてとらえよう、と。図書館を、相互に補強しあって進化していく、さまざまな機能が統合されたインフラとして、とくに、建築、技術、社会、そして知識論と倫理面でも土台となるインフラとしてとらえると、私たちが図書館にどのような役割を果たしてほしいのか、また図書館に何を期待できるのかをより明確にすることができる。[10] 壁や配線、棚やサーバーといった、図書館の物理的なシステムのなかに、どのようなアイデア、価値観、社会的責任を組みこむことができるだろうか? この章では、図書館が知識インフラおよび社会インフラとしてどのように機能するかを見ていく。とくに、スマートシティのすべてを見通すセンサーやすべてを知るデータベースから弾かれていたり、犯罪者扱いされていたりする、社会的弱者にとって重要なサービスの担い手となる図書館について考察したい。営利目的の技術プラットフォームによって運営され、自動の監視カメラ網で撮影される都市において、公立図書館や大学図書館がどのように補完的な役割や流れに対抗する役割を果たしているのか、また果たしうるのかについても検証する。図書館が、知識論の足場となり、アクセス提供者、インフラ管理者、個人情報保護コンサルタント、物質文化の保全者(コンサバター)、データ信頼性の担保者、デジタルセキュリティの安全なゾーン、オープンアクセスの資料と持続可能な公共利益技術の擁護者、社会的なつながりとインクルージョンの場として機能するような、デジタルおよび物的なインフラを私たちは構築できるだろうか。

制度的な支援の必要性

「サイドウォーク・トロント」プロジェクトでは、設計プロセスの半分ほどが進んだところで、データ収集や個人情報保護に関する懸念を抑える手段として公共図書館システムが計画に組みこまれた。トロント地域商工会議所は、信頼性があって中立的な第三者である図書館が、トロント市のデータハブの一部として開発のためのデータを保管するように提案した。図書館の広報担当アナ＝マリア・クリッチリーは《トロント・スター》紙に対し、図書館はその任にふさわしい、意欲に満ちたパートナーだとしたうえで、次のように述べた。「公共図書館はデジタルプライバシーの擁護者であり、データ保護ポリシーや情報管理の専門知識を有している。ただし、問題の複雑さと、業務遂行に必要な専門知識とコンサルテーションを考えると、図書館には絶対に追加資源が必要になるだろう」[11]。クリッチリーの警告は、デジタルメディアとネットワークという新時代の都市像において、図書館がしばしば担わされる複雑な役割と危うい立場を反映している。図書館は、都市（および自治体の技術パートナー）を支援してデジタルアクセスの拡大を図ったり、デジタルスキルや批判的なデジタルリテラシー、持続可能な環境のための実践手法を広めたり、スタートアップや他の形態のデジタル起業を後押ししたりできる。シンガポールやトロントの事例のように、図書館は倫理面での妥協点としても、また、議論の多い、差別的で押しつけがましく、不公平なデジタル統治および都市開発プロジェクトにおける目くらまし役としても機能しうる。ただしそのような役割を果たすには、世界のほとんどの地域の図書館に、クリッチリーが言うとおり「絶対に追加資源が必要になるだろう」。

二〇年ほどまえ、最初の著書を執筆するためにリサーチをしていた私は、アメリカ中を旅し、新しいデジタルメディアの波に直面する多世代の市民にとって、暮らしや社会的つながり、そして都市開発の錨(いかり)となるように設計された何十もの新しい図書館を見てまわった。ここ数年はソウルからヘルシンキまで、新設されたり改築されたりした図書館の壮観な建物を訪問する機会に恵まれた。読書はもちろん、視聴覚資料の利用、ゲーム、食事、コーディング、キルトづくり、フィジカル・コンピューティング〔人間の身体的な動きと外部機器を連動させる環境〕など、幅広い活動をサポートし、人やメディア、アイデア、そしてそれらが置かれている物理的環境とのあいだで活発な相互作用が育まれるように設計されている(オースティンのあの読書パティオ! ヘルシンキのハイテクラボ! ダン・レアリーの図書館の読書室からのダブリン湾の眺め!〔図27&図28〕)。だが、スカンジナビアやシンガポールのほ

図 27.　オースティン市立図書館の読書パティオ。手がけた建築事務所は〈レイク・フラート〉と〈シェプリー・ブルフィンチ〉。

図 28.　ダン・レアリー（アイルランド）にあるダン・レアリー・レキシコン図書館の読書室。手がけた建築事務所は〈カー・コッター＆ネーセンス〉。

か、公共インフラへの手厚い支援を約束している世界のごく一部の地域を除いては、図書館は、その活気とは裏腹に、運営の面でもメンテナンスの面でも資金不足に陥っていることが多い。屋根は雨漏りし、空調設備にはガタがきて、使えるコンセントが館内にひとつしかないような状況では、データハブを管理するための時間と資源があるとはとても思えない。[12] 図書館がスマートシティの物語にほとんど登場しない理由のひとつがここにある。

二〇〇八年と二〇二〇年の経済危機は、図書館がもとから抱えていた問題をさらに悪化させた。イギリスでは緊縮財政政策の影響で二〇一〇年から二〇二〇年までに約八〇〇の図書館が閉鎖され、アメリカでは、民営化によって多くの都市で社会サービスが縮小され、その責任が図書館員の肩にかかることがよくあった。一方で、図書館自体の予算は減り、開館時間も短くなった。[13] 図書館員の業務を見てみよう。彼らは独自の図書館をもたない公立学校の教師や生徒に図書サービスを提供し、失業中の利用者に向けてＧＥＤ（高等学力検定）クラスや職業訓練プログラムを実施し、読み聞かせやディスカッショングループを主催し、多数の資料探索請求に応え、急速に広がる誤情報の混乱からコミュニティを護る手助けをし、高齢者の朝の活動や親が仕事で家にいない子どもの放課後の過ごし方を調整し、ホームレスや精神疾患を抱える人、およびその他の社会的弱者に対するさまざまなサポートをおこなっている。また、多くの都市や町の図書館員は、オピオイド（麻薬性鎮痛薬）の過剰摂取に対して拮抗薬のナルカンを投与する訓練を受けており、二〇二〇年のパンデミック中には、COVID‐19の陽性者追跡に協力するために、サンフランシスコとフェニックス（アリゾナ州の州都）の図書館員の配置換えがなされた。こうした幅広い責任をこなすには、計算機には頼れない、身体化された知性がどれほど必要かを想像してほしい。

「都市はコンピューターである」という思考法の知識論的限界、データ化や「起業家化」にはなじまない多様な形態の都市知性、抑圧的で不公平な都市技術がもたらす脅威を踏まえると、図書館員は、市民を監視し搾取しようとするスマートシティに対して、生産的に対抗する立場を築けるはずだ。長いあいだ、利用者のプライバシーを尊重してきた機関として、また正義という原則の受けいれを広げてきた機関として、図書館は、搾取的なデジタルアーバニズムに対抗する「例外の空間」として自らを位置づけることができるし、またそうすべきである。都市の喧噪と商業主義のなかで、図書館は「オアシス」としてロマンティックに語られることが多いが、むしろ、「特別な知識体系ゾーン」（悪意がなく、資本主義的でもない、「経済特別区」のようなもの）と考えたほうがよいのかもしれない。図書館は、スマートでない知識政治を断固として尊び、インクルージョン、公平さ、正義という理想を、効率や便利さ、利益、そして、人種資本主義やプラットフォーム資本主義、監視資本主義などさまざまな形態の資本主義を支える、妥協した価値観の絡み合いよりも上位に掲げるのだ。[14]

とくに、COVID-19の大流行やブラック・ライブズ・マター運動の高まりを受け、公立図書館も大学図書館も、正義とインクルージョンに果たすべき責任を果たしているかどうか、つねに見直していく必要がある。統計によると、二〇一七年の時点で、アメリカの図書館員の八七パーセントが白人だった。[15] 利用者や図書館員が、人種や階級、性自認、障碍のために差別や敵意にさらされるという話はめずらしいことではない。[16] 図書館は、より多様性のある収蔵物、サービス、価値観を支えるための物理的および社会的なインフラをどのように構築していけるだろうか。

まずはじめに、図書館は、「コンテンツ」やソフトウェア、ハードウェアをととのえるために依存しているテック業界や出版業界との関係を、また資金源であり、テクノロジー化・民営化が進む行政府との、イデオロギー上の関係を評価しなおす必要がある。こうした業界と行政機関は、図書館の中核をなす価値観を損ない、利用者の一部に不利益をもたらすような決定を下すことが少なくない。図書館は、異なる価値観を体現する資料を選び、業者と契約し、システムを構築することができる。商業メディアや消費文化がもてはやす目新しさや革新性に対して、原則に基づいた批判のモデルを提示することができる。結局のところ、新しさをひたすら追い求めることは、物欲をあおり、計画的陳腐化や環境への無責任さ、上辺だけの分析、気まぐれな美意識を助長し、「キャンセルカルチャー」〔好ましくない行動をとったとされる個人または組織を標的にして、社会から排除しようとする動き〕と呼ばれるようなものを正当化する。時勢に遅れず、新しいスキルを身につけ、最新の情報を入手することは価値のある目標だが、その追求は、より大きな文化的、政治経済的、教育的、制度的な文脈のなかに位置づけることがたいせつだ。どのような知識と倫理をここで育んでいくべきなのか？　構築しようとしているコミュニティと社会はどのようなものか？「最新であること」はどんな目的のためなのか？

知識インフラとしての図書館

きわめて重要なインフラと目され、公共の知を担う中核として位置づけられ、充分な資金が安定して投入される図書館の姿を想像してみよう。警察のダッシュボードでも都市のオペレーティングシステムでもなく、図書館こそが都市の知性の真髄を示す象徴と見なされるとしたら、それはどのような姿になるだろうか。第二章で取りあげた、多様な都市知性を包みこむ倫理的な足場としても機能する知識インフラを、いかに意識的に構築していけるだろうか？[17]

理想とする図書館はもちろん、それぞれが独自の有用性をもつさまざまな形式のメディアを所蔵している。私が過去一〇年で訪れた新しい図書館のほとんどでは、現代図書館の柱石である書物が目立つように展示されていた。書架そのものが建物の中心をなす建築要素であることも多く、開放的で居心地がよく温かい光に満ちた、その美しいたたずまいは、図書館の精神を象徴している。ほとんどの図書館は、開架式の書庫の場所を広くとり、利用者が身体的にも精神的にも書物に没頭できる環境に身を置けるように、椅子や机などの家具、扉や窓などの開口部、照明をととのえている。ただし、所蔵物の管理は、ハイテクな物流管理(ロジスティクス)システムに依存していることがある。たとえばニューヨークやブルックリンの公共図書館では、クイーンズ区にあるBookOps配送施設をつうじ、共有の「浮動コレクション」を需要に応じて分館間で移動している。また、ニュージャージー州プリンストンにある遠隔保管施設では、プリンストン大学、ハーバード大学、ニューヨーク大学に加え、ニューヨーク公共図書館(NYPL)の研究図書館にもサービスを提供している[18](図29)。現代ではほとんどの図書館が、とくに二〇二〇年のパンデミック以降、物理的な紙媒体の資源よりもデジタル資源の収集を優先しているとはいえ、物理的な所蔵資料は依然として書架の容量を超えることがよくあり、コレクションの共有と遠隔保管は、地理的に近い複数の機関間で資源を共有するためにテクノロジーを活用した例のひとつだ。

資料をどのように入手するかは、入手した資料をどのように管理し展示するかと同じくら

図29.　ニュージャージー州プリンストンにある研究資料保存コンソーシアム（RECAP）施設。

い重要である。図書館は、どのような「コンテンツ」を調達し、どの業者と契約するかについて自らの倫理基準に照らして選択することができる。小規模で地元に根差した、マイノリティが経営する独立系出版社を支援してもいいし、電子書籍の貸出に制限を設けている大手出版社や、オープンアクセスを重視する大学系出版局、論文レンタルに一日あたり五〇ドルを課すことで知られる〈エルゼビア〉社のような、著作権に保守的な立場をとり、保有資料の有料化を推進する出版社、あるいは、メディア・出版の複合企業体であり、アメリカの法執行機関の主要な個人データ仲介企業でもあるトムソン・ロイターやレレックス・グループのような巨大企業を選ぶ（あるいは、選ばない）ことを決定できる。[19] 二〇一九年、カリフォルニア大学は、法外なコストと制約の多いアクセス体制を理由に、〈エルゼビア〉との関係を切った。警察部門のところで述べたように、図書館においても調達というものは政治とおおいにかかわりがある。

コレクションを増大させるにあたっては、標準化や指標にそぐわず、一般的な分類スキームにも当てはまらず、従来とは「価値観」が異なり、機械による分析に適しにくいタイプの知識やメディアを優先することができる。一般雑誌やコミックスを古典の写本と同じ棚に並べたり、貴重なコレクションをいちばん目立つ場所に置いたりするのも図書館の判断だ。ブルックリン公共図書館（ＢＰＬ）や他の多くの図書館は、地元の作家の作品を紹介し、地元の歴史に関するコレクションを数多く管理している。[20] 以前、「データアーカイブ・インフラ」のクラスでＢＰＬの舞台裏ツアーに参加したことがある。「新聞資料室（モルグ）」と呼ばれる場所があり、詩人のウォルト・ホイットマンが編集長を務めていた地元新聞《ブルックリン・イーグル》紙（すでに廃刊）の、アナログの栄光に満ちた黄ばんだ切り抜きのコレクションが保管されていた。現代の私たちにとっては、テイクアウト・メニューは郵便受けやドアの下の隙間に差しこまれている邪魔な印刷物にしか思えないかもしれないが、ニューヨーク公共図書館（ＮＹＰＬ）では、地元の食事事情、文化、ビジネス、およびデザイン史を垣間見せてくれる貴重な資料として、また移民の歴史や少数民族の居住地が市内を移動していく様子を追跡するための手がかりとして、古いメニューを収集している。家族写真やフィルム、チラシ類もまとめればコミュニティの歴史を物語るので、多くの図書館では利用者がスクラップブックや細々したものが入っていた靴箱をもちこむのを歓迎している。その資料を効率よくデジタル化する方法を指導して親戚や近隣の人たちと共有できるようにし、さらには、図書館の「コミュニティ・デジタル・アーカイブ」に寄贈してもらうためだ。[21]

NYPLのメニュー・コレクションがある42番街の北に位置するショーンバーグ黒人文化研究センターでは、アフリカ系アメリカ人、アフリカ系のディアスポラ（祖国から離れたところに離散して暮らす民族およびコミュニティ）、アフリカ系の経験についての手稿や記録資料、稀少本、映像、録音、写真、印刷物、アート作品などを収蔵している。また、大西洋横断奴隷貿易の歴史を分析するラピダス・センターもここにある。ショーンバーグ黒人文化研究センターは、国際的に高く評価されている機関であると同時に、近隣地区であるハーレムと、ニューヨークという都市の形成に大きな役割を果たしてきたさまざまな形態の知識を収めている。私は以前、図書館の「公式な」収蔵物と、「散逸しやすい非公式な」コレクションの両方を含めた、アフリカ系コミュニティの知的・文化的遺産の数十のコレクションについて書いたことがある。「非公式な」コレクションは、意図的に慣習を破り、自治体や商業機関に求められる（あるいは課せられる）要求から逸脱したところで運営していることが多い。[22] 同様の、「慣習に逆らう」知識の政治性は、バンクーバーにあるXwi7xwa図書館にも見ることができる。この図書館は、先住民の知識と文化の資料を保管・管理し、その分類の仕方のなかで、また建物内での資料の展示方法および企画やサービスをつうじた啓蒙活動によって、先住民の知識論と哲学が確実に反映されるように努めている。[23]

図書館が利用者に対して、収蔵物の活用や分析を許可する方法そのものが、誰がどのように知識を構築するのかという知識の政治を体現する。デジタル人文研究ラボ、保存修復室、メディア解析ラボなどは、読み手や聴き手、閲覧者が、収蔵物をテキストとして、また物的な対象として分析するためのさまざまな技術を駆使できるようにしている。これにより、それらが表現する場所や人、思想についての知見を深めることができる。たとえばニューヨークにあるアンドリュー・ハイスケル点字・録音本図書館では、支援技術コーディネーターのチャンシー・フリートが、触覚グラフィックスエンボッサー〔視覚的な情報を触覚的な情報に変換する機器〕と3Dプリンターを駆使して、目で見る資料（地図、建築図面、図表など）を触れて感じられるように変換している。こうすることで、資源の利用しやすさ（アクセシビリティ）が引きあげられるのだ。[24]また、私の「人類学とデザイン」のクラスで見学に出かけた、当時はまだ建設途中だったブルックリンのグリーンポイント・ライブラリ・環境教育センターでは、屋上緑化やその他の持続可能性を重視した建築システムが空間そのものを実物教育の場へと変貌させており、利用者はコレクションや多彩な催しをつうじて環境に関する知識を得ることができる。

当然ながら、このような新しいツールや活動には、新しい空間要件が伴う。図書館の建物では、さまざまな感覚器官や作業時の動き方、姿勢などに対応できるよう、調度品の配置、照明デザイン、音響環境、屋内外のスペースの設け方など、多様な要素に配慮してそれらを反映させなければならない。近年、図書館員やデザイナーは、騒音を立てる、そしてときには散らかったりもするような活動の意義を認め、排除するのではなく、むしろそうした活動に適したデザインを考えるようになってきた[25]。言い換えれば、知識とは身体的な体験に根差し、状況に応じたものであり、コンピューターで処理する形式だけに単純化することはできないという認識が広がってきているのだ。

図書館のプログラムのなかには、独創的でありながらも、知的な枠組みや地域での文脈化によって価値を高めたものもある。二〇一〇年代前半には、どの図書館も工作室を設けなければならないという風潮があったが、そうした施設が自分たちの使命遂行にどう役立つのかを必ずしも明確にわかっていたわけではなかった。デジタル活用が求められる時代に合わせて図書館をリブランドし、デジタルに対応できる「プラットフォーム」として売りこまなければならないとの義務感に駆られたにすぎない。その後、多くの図書館員や技術批評家、学者たちが、メイカームーブメント〔デジタル技術を用いた物づくりの潮流〕に見るジェンダー、人種、階級のダイナミクスや、ムーブメントの思想を補強する「趣味を金（かね）に変える」という

図30.　ウーペンソッカー小学校のレジデンシープログラム（外部の専門家が学校に一定期間滞在して教育活動に携わる）の一環として、ブリッジレイクポイント・ワウノナ近隣センターの子どもたちが、マディソン公共図書館の「バブラー」で小冊子を制作している様子。

新自由主義的な前提を見直し、こうした図書館のラボを、知識の生産とコミュニティ活動の場として説得力をもってとらえなおしてきた。[26] たとえばウィスコンシン州にあるマディソン公共図書館の「バブラー」というプログラムでは、スタッフが地元の教師と協力し、綿密に組んだ授業計画のなかにメディア制作やコンピューターを使った創作を組みこんでいる（図30）。同館の「メイキング・ジャスティス」プログラムは、少年司法機関と連携し、社会的なリスクを抱える若者五〇〇人以上を引きこみ、「自分自身、コミュニティ、司法制度について記録するためのグラフィックや3Dアート、写真、話しことば、物語、パフォーマンス、動画」の制作活動をおこなっている。[27]

ただし、これらのメディアを「消費する」にも、慎重な枠組みが必要だ。図書館員が情報を棚にただ陳列された商品のように見ることはほとんどない。情報とは、手っ取り早く「いいね！」を獲得するために「プラットフォーム」を介して宣伝されるだけの「コンテンツ」ではない。客観的な視覚化を生みだすために「ダッシュボード」に投入されるだけの「データ」でもない。むしろ、図書館員は長年にわたり、情報を批判的に見たうえでの情報リテラシーを身につけてきた。この情報リテラシーには、資源を吟味し、資源がどのように生成され、提示され、価値がつけられているのかを理解し、図書館という機構そのもの——その政治史や分類システム、制度構造など——がもつ影響力、すなわち、いかに知識が力を獲得し、誇示する道を切りひらくことができるのかを知る取り組みが含まれる。[28] また、情報リテラシーを補完するために、メディアリテラシーおよびデータリテラシーを導入することができる。メディアリテラシーとは、情報や知識（「情報」と「知識」のちがいと、なぜそのちがいが重要なのかについて述べた第二章を思いだしてほしい）がどのように形成されるかを調べる能力、データリテラシーはデータの出処、保護監督、所有権などデータの来歴について（および、データが世界のどこかから成りゆきでただ抽出されるのではなく、作成されるという事実そのものについて）自ら考えようとする能力のことだ。このような着目点がダッシュボードで扱われることはほぼない。ほかにも、アルゴリズムリテラシーというものがあり、これは、検索結果や、アマゾンの「おすすめ」、警察や住宅ローン会社による「高リスク者」選定など、アルゴリズムが日常のあらゆる側面にいかに関与しているかを意識する能力である。さらに、インフラストラクチャリテラシーは、情報が誰かに届く過程で（あるいは、社会的弱者の集団を迂回する過程で）、ケーブルや衛星、その他のさまざまな伝達手段がどのように使われているかを考える能力を指す。最後にもうひとつ、批判精神に倫理面での正当性を加えるのがデジタルジャスティスだ。これは、上述の問いがたんなる学術上の関心ではなく、利用しやすさや参加意識、所有権、権力にかかわる問題であることを思いださせる。とくに、社会から疎外されているコミュニティにとっては切実な問題だ。[29] 図書館を分析する際に多様なレンズが重要なのは、図書館の外にある、より大きな世界でも必要となるからだ。

図書館員は、利用者が資源を選択・分析したり、新しい資源を作成したりする際に、こうした批判的な目線をもってガイド役となることができる。トロント公共図書館がサイドウォーク・プロジェクトのデータハブとして招かれたことを思いだしてほしい。その関係は結局は実現しなかったが、一部の図書館は実際に、各都市の公共データの保管所あるいは信託所としての役割を果たしている。すでに述べたような批判的な枠組みを備えれば、図書館員と利用者はともに、より責任をもって丁寧にデータの収集・管理に向きあえるようになり、その結果、データはそれが表現する人たちの生活や環境を尊重し、やがて地元コミュニティのメンバーにとってより有用な存在となっていく。数年前、アメリカ議会図書館のデジタルコンテンツ管理責任者であるトレーバー・オーエンズは、図書館は「市民データに関する取り組みの中間組織のような存在になりうる」と私に語った。「つまり図書館は、市民の誰もが、自分やコミュニティについて収集されているデータの内容を、またデータ自体がどのように活用されているのかをいつでも知ることができ、さらにはデータの収集方法、管理方法、利用方法について発言権をもてる」場所になりうるのだ。[30] ピッツバーグを拠点とする「シビック・スイッチボード」プロジェクトは、この期待に応えてきた。さまざまなコミュニティと協力し、地元の図書館を、データ公開者やデータ利用者、そして地元のデータ生態系の他のメンバー（大学、非営利団体、地域のまとめ役的組織など）をつなぐ「データ仲介機関」としてつくりあげた。これらのメンバーは、「データ品質を高め、公開者へのフィードバックの仕組みをととのえ、より広範なデータ利用を促すツールを開発する」作業に共同で取り組んでいる。[31]

このようなさまざまなリテラシーは、利用者からのさまざまな調査依頼・相談に応えるレファレンスデスクを通してモデル化できる。実際に、こうした関心事項について利用者と話しあえるように図書館員を支援する団体や取り組みがいくつかある。たとえば、「ライブラリー・フリーダム・プロジェクト」では、図書館員、技術者、法律家、プライバシー保護推進者たちが組み、監視の脅威やプライバシー権、責任、戦略に関するワークショップを開催している。[32]「デジタルプライバシー・データリテラシー・プロジェクト（ＤＰＤＬＰ）」は、ニューヨーク市立図書館の職員に対し、情報がどのように動いていくのか、情報がオンラインでいかに共有されるかを指導し、利用者がオンラインで遭遇しがちなリスク、利用者のプライバシーを図書館がより適切に保護する方法についても教えている。[33]ＤＰＤＬＰは、その教育方法を利用者にも伝えるため、新たに展示会形式を試してみることにした。二〇一八年、メトロポリタン・ニューヨーク図書館協議会、ニューヨーク市の三つの図書館システム、ニューヨーク市長室最高技術責任者（CTO）とのパートナーシップのもと、私の同僚グレタ・バイラムとエリン・デイビス・アンダーソン、そして私は、一〇人の地元アーティストに、ニューヨーク市の各区に点在する図書館の分館に地元の特性を映したアート作品を制作するよう依頼した。作品には、人種と監視をテーマにしたインスタレーション〔空間全体を作品として体験させるアート〕、ティーンエイジャー向けにターゲット広告のロジックを解剖するワークショップ、テック解放〔それまでアクセスを制限されていた人たちにも情報・技術を使えるようにすること〕のための抗議看板群、Ｗｉ‐Ｆｉを遮断するファラデー箱などがあり、デジタルから疎外されがちな人たちや悪意のある監視システムから被害を受けやすいコミュニティに訴求するものだった[34]（図31）。私が学生たちとニューヨークで訪れ、のちにベルリンでも訪れたことの

図 31.　ミミ・オヌオハ作「われわれがしてこなかった抗議」。グレーブセンド図書館（ニューヨーク州ブルックリン）の「プライバシー・イン・パブリック」展示会にて（開催期間 2018 年 12 月 1 日～ 2019 年 2 月 1 日）。

図 32.　非営利団体〈モジラ・ファウンデーション〉と〈タクティカル・テクノロジー・コレクティブ〉が主催した、テックリテラシーについてのポップアップ型展示会（特定のテーマに沿った小規模で短期間なもの）「グラスルーム」、ニューヨーク、2018 年。

ある〈モジラ・ファウンデーション〉の「グラスルーム」も、似たようなコンセプトで運営されている。アップルストアのような洗練された空間で、「データ、プライバシー、日々の生活で使用している技術やプラットフォームと自分たちとの関係を探るためのアート、デザイン、テクノロジーコンポーネント」を展示していた[35]（図32）。私が訪れた公共図書館や大学図書館の多くには専用のギャラリースペースがあり、地域のアート作品を展示できるようになっている。あるいは、ここで紹介したような参加型プロジェクトや教育型プロジェクトに利用され、図書館のもつ情報提供という使命を支えている。

多くの図書館は、撮影やレコーディングのためのスタジオや、印刷作業場、コンピュータラボや市民科学ラボなど、地域の人たちが自分でメディアを制作するための設備や資材も用意している。二〇一八年末にオープンしたヘルシンキの新しい公共図書館オーディは、羨望に値する制作設備をもつ。地元新聞社が出版複合企業体や未公開株式投資会社――まさに「データ中心主義」の冷酷無比な決断を下す企業――に買収され、あっけなく骨抜きにされるなかにあって、一部の新聞は地元の図書館で復活を遂げている[36]。大学図書館は自大学の出版局を併設していることがよくあり、これにより、多様な形態の知識生産への理解や、アクセスの優先順位、またときには、知識が具現化されて伝達されていく「形式」についての実験精神が、出版事業に注入されることになる。

ここまでをまとめると、図書館員は、コレクションの選定や業者との契約をつうじて、書架やサーバーに、コミュニティの知性全般を反映したデータや情報、知識をそろえることができる。それらの資料はすべて、知識の政治性をも表している。誰が知識を生みだし、どのようなかたちをとるのか？　どんなふうに保存され、分類されるのか、その決定にはどのような価値体系が暗黙に含まれているのか？　誰がどのようにアクセスするのか？　こうした質問は、包括的な都市型オペレーティングシステムや、独占的ベンダーの「ナレッジベース」を採用するときには、通常は投げかけられることはない。だからこそ図書館は、技術万能主義（テクノソリューショニズム）をまとったプラットフォーム思考に生産的に抵抗したいのであれば、調達およびコレクション増強こそが知識論の面でも政治的立場の面でも最高の責務であることを認識しなければならない。

だがもちろん、コンテンツは、ルーターや読み取り機（リーダー）、オーディオプレーヤー、書籍などの資料を検索・分析するコレクションビューアー、注釈ツールや字幕ツール、ダッシュボードなど、さまざまなテクノロジーをつうじて形成され、配布される。厳しい利用制約を課したり、ユーザーデータのプライバシーへの配慮が欠けていたりする、独占的な商用製品に頼るのではなく、独自ツールを構築している図書館もある。ニューヨーク公共図書館（NYP

Ｌ）の現在は活動停止中のラボや、ハーバード・ライブラリー・イノベーション・ラボ、米国議会図書館のＬＣラボ、ニューサウスウェールズ州立図書館（オーストラリア）のＤＸラボ、そして多くの大学図書館の技術チームは、知識の発見、分析、普及を促すパブリックな技術を構築している。[37]近年、フォード財団やニューアメリカ財団などの助成団体は、儲けよりも公共への貢献を追求するための公益技術（かつて「市民の技術（シビック・テック）」と呼ばれていたものをリブランドしたにすぎないと考える人もいる）の研究・開発を支援している。[38]技術政策アナリストのムタレ・ンコンドが強調するように、公益技術はつねに、「脆弱なコミュニティがさらに不利になりかねない、技術システムの兵器化を招くいびつな権力構造」に注意を払い、そうした弊害を最小限に抑えることを目指すものだ。[39]

　コロンビア大学の建築家で地図製作者のローラ・カーガン、コンピューター科学者のリディア・チルトン、データジャーナリストのマーク・ハンセンは、図書館に向けた公益技術の開発に長く取り組んでいる。彼らがとくに重視するのは、監視やデータ抽出のロジックに対抗し、弱い立場の利用者を情報資源や社会サービスにつなげようとする図書館員の活動を支援するツールの開発だ。[40]同様に、テクノロジストでＢＢＣの元幹部だったマット・ロックは、「公共メディアスタック」（公共メディアプロジェクトに適した技術やサービスの生態系を指す）を構想している。「もし、ベンチャーキャピタルから資金が提供されず、『いいね！』やアクセス数、耳目を集めるような対立を煽るコンテンツを重視していなかったとしたら、われわれのデジタルネットワークはどんな姿になり、どんな振る舞いをしていただろうか？　あるいは、発見と批判的な分析をたいせつにするように設計されていたら、どうだっただろう」[41]。マット・ロックは最初のリーダー会議（サミット）をメトロポリタン・ニューヨーク図書館協議会（私は二〇一九年から二〇二一年にかけて委員長を務めた）で開催し、図書館がそのようなシステムの構想と支援に役割を果たせることを示唆している。

そうした代替案は、たいして華々しくはならないことを知っておこう。地域の事情や背景に合わせ、特定のコミュニティのニーズと知識に適するように規模を調整されたりするものだからだ。私の友人であり同僚であり、ニューヨーク市の複数の図書館で開催された「プライバシー・イン・パブリック（公共のなかでのプライバシー）」展をともに企画したグレタ・バイラムは、コミュニティ・ネットワークの専門家として、とくに、商業主義のインターネットサービスプロバイダーから無視されやすい、遠すぎて採算がとれない地域に住む人など、社会的弱者や疎外されたグループと協力して活動している。バイラムは、〈コミュニティ・テック・ニューヨーク〉（ＣＴＮＹ）の同僚とともに、長時間にわたるフィールドワークと参加性の高い反復設計プロセスをつうじ、コミュニティのパートナーと緊密に協力しながら、コミュニティの価値観を体現するネットワークを構築している。彼らの仕事は、「たんにインターネットにつなぐのではなく、コミュニティが定義し、目的をもって構築されたテクノロジーが、どのように彼らの幸福と回復力に貢献できるか」を問い、接続性によってコミュニティの人たちを組織化し、失業や環境衛生などの問題にみなで対処し、地域の知識を共有できるようにすることを目指している。「自分が活動している場所では、図書館が最も重要なデジタル基盤であることが多い」とバイラムが話してくれた。「図書館がテクノロジーへの道筋を示してくれるからであり、安全かつ信頼できる環境でデジタルのサポートと資源を提供してくれるからでもある。私たちがコミュニティテクノロジーの中核に据えている原則は、テクノロジーを人間関係に合わせることであって、その逆ではない。私たちが図書館と協力するのは、図書館がすでにこれを実践していて、現実のモデルを見せてくれているからだ[42]」

バイラムの活動の根底にある原則の多くは、人種差別やデジタル排除と闘う〈デトロイト・デジタル・ジャスティス連合〉の理念を反映している。彼ら自身も、一九九一年の「有色人種の環境リーダーシップサミット」で宣言された「共同作業の原則」からインスピレーションを得ている。これらの原則は、デジタルアクセスを社会的、環境的、住宅的正義など他の形態の正義と結びつけ、共同所有、代替エネルギー、廃棄物の回収とリサイクル、および、「環境問題の解決策を促進する」ためのテクノロジー活用を支持している[43]。知識インフラはたんなる情報以上のものであることを、すなわちアクセスと公平性というより大きな生態系の一部であることを彼らは認識しているのだ。多くの図書館員もまた、環境正義の問題を明確に取りあげ、自館のコレクション、サービス、施設、さらには資料の保管やデータ保持を含む運営上の慣行が、いかに環境の復元力を促進できるかを問うている[44]。バイラムの取り組みがミクロスケールで示すように、また、マット・ロックの目指すものがマクロスケールで示すように、私たちは図書館がインフラの生態系として、またその一部としてどのように機能しているかを理解する必要がある。図書館とは、空間、技術、知識、社会のインフラを形成し、それらが影響を及ぼしあう場所なのだ。こうしたインフラが、利益第一のプラットフォームや抑圧的な国家から押しつけられる価値観ではなく、都市やコミュニティが自ら定義したい知識論的、政治的、経済的、そして文化的な価値観をいかに具現化できるかを考えなければならない[45]。

社会インフラとしての図書館

地域社会の基本的な情報ニーズは往々にして、満たされないときにこそはっきり見える。二〇二〇年三月中旬、アメリカのほとんどの図書館が扉を閉めた[46]（図33）。一方、「非接触型」の貸出システムや移動図書館を駆使して物理的な貸出をおこなっている都市もあった

図 33.　COVID-19 のロックダウン中に閉館していたニューヨーク公共図書館のミューレンバーグ分館。2020 年 6 月。

図 34.　バージニア州マナサスのブルラン図書館でおこなわれていた非接触型貸出システム。2020 年 6 月。

（図34）。何カ月かのあいだ、読書ラウンジや喫茶コーナー、メディアラボからは人が消え、図書館員は、子ども向けの読み聞かせ会や作家を招いての講演会から、第二言語としての英語（ＥＳＬ）の講座、調査依頼・相談に応えるレファレンスサービスまで、できるだけ多くのサービスとプログラムをオンラインに移行しようと急いだ。ハーバード大学の図書館員ジョン・オーバーホルトがＸ（旧ツイッター）で宣言した。「健全な民主主義社会にとって図書館が不可欠な存在であると信じることと、おそろしいパンデミックの最中に図書館のコレクションへの物理的なアクセスが必ずしも必要でないと考えることとはなんら矛盾しない」[47]。ほとんどの図書館は、電子媒体での提供を拡充し、パブリックドメイン〔著作権切れや著作権の保護対象外のもの〕の資源を宣伝し、ときには「緊急図書館」〔災害やパンデミックなどの緊急時に制限を緩和して利用しやすくすること〕を設けたり、権利者から一時的に寛容な著作権許可を得たりしていた。一部には、パンデミックという今回の危機が、出版社やメディア企業の過度な権利管理制限に長く対抗してきた公共機関に、新たな交渉力を与えるのではないかと考える向きもあった。

電子書籍の貸出部数は急増した。図書館員は、査読を受けていない研究論文や陰謀論に利用者が惑わされないように、信頼できる健康情報のデジタルコレクションを作成した。パンデミックやセルフケアに関する読書リストをまとめ、さらに、ミネアポリスでアフリカ系アメリカ人のジョージ・フロイドが白人警官によって落命させられた六月には、人種差別と白人至上主義の歴史的背景に関する文献リストを追加した。政府やテック企業が、接触者追跡の目的で市民の健康状態や位置情報を収集しようとしていることが明らかになると、デジタルプライバシー擁護団体のなかには、自分たちのデータがどのように収集され利用されるかを自分たちで決定できるようにするために、データ管理機関やデータ信託の設置を求めるところもあった。国際図書館協会連盟は、このような課題について図書館が中心となって行動し、教育の役割も担うべきだと提唱した。パンデミックに伴い社会が失業危機にも直面したため、図書館はオンラインによるキャリア資源登録と求職サービスも強化した。その一方で、図書館員が高齢の利用者の自宅に電話をかけて安否を確認したり、図書館の建物を食事の配布センターやパンデミックの最前線で働く人の子どもを世話するセンターとして活用するところもあった。

学校や診療所、その他の職場がオンラインに移行するなか、各コミュニティには、接続のための適切なサービスや機器をもたず、失業届や子どもの宿題を提出する手段のない人が出てきた。そうした人たちは、図書館の駐車場や玄関先に行き、不安定なＷｉ－Ｆｉの電波を拾おうとした。図書館が接続環境やノートパソコンを貸しだしたり、Ｗｉ－Ｆｉを搭載した移動図書館をデジタル環境が貧弱な地域に派遣したりした都市もあれば、地元のコミュニティが運営するネットワークに利用者を紹介したところもある。さらに、〈全米デジタル・インクルージョン連合〉が支援するデジタル・ナビゲーターたちが、デジタルの恩恵から排除されている住民に対して個別の技術サポートを提供し、手ごろな価格の家庭用インターネットサービスやコンピューター機器を見つけるのを手伝い、電話越しに初歩的なデジタルスキル講座を実施したりもした。緊急時のこうした臨機応変で人間的な運用を、代わりに宇宙時代の制御センターにある緊急対応ダッシュボード上で追跡しようとしたらどうなるかを想像してみてほしい。

「政府がなるべく多くの手続きをオンライン化しようとしている時代にあって、パンデミック下ほど、人がデジタルアクセスを必要としたときはなかった」と、ブルックリン公共図書館の館長リンダ・ジョンソンは、Ｗｅｂ雑誌〈マークアップ〉で語っている。「まさに最悪の状況（パーフェクト・ストーム）だった。欠乏がかつてないほど深刻で、その分、必要性も高まるばかりだった」[48]。オハイオ州トリードの図書館を束ねる責任者ジェイソン・クスマは、このパーフェクト・ストームは図書館に、その使命がいかに伸縮性の高いものであるかを考えさせるきっかけになったと言う。「図書館は不足（ギャップ）を埋めようと多くの役割を引きうけてきたが、われわれがコミュニティの基本ニーズを満たすにはじつに多くのギャップがまだ横たわっていることに気づかされる。コミュニティにとって有意義なやり方でサービスを届けるためにわれわれはここにいるが、すべての人にとってのすべてになることはできない」[49]

図書館は従来から多用途性と信頼性が高く評価されてきたが、その過酷な状況を危惧する声も挙がっている。図書館がコミュニティの避難所の役割を担い、連絡拠点、人員配置センターとして機能する姿は、二〇一一年の東日本大震災でも二〇一二年のニューヨークのハリケーン・サンディでも見ることができた。災害時だけでなく、ふだんから住民はインターネットにアクセスしたり、GED（高等学力検定）クラスを受けたり、仕事探しや履歴書の書き方の助けを得たり、他地域のサービスを紹介してもらったり、さらには夏の暑さや冬の寒さから逃れたりするために図書館を利用する。都市未来センター（CUF）がニューヨーク市の図書館分館を複数年にわたって調査したところ、公共図書館は恵まれない環境にいる人たちに「機会への扉を開いている機関」として見られていることが明らかになった。[50]反響を呼んだ二〇一三年のその報告書のなかでCUFは、移民、高齢者、求職者、公立学校の生徒、起業志望者にとっての図書館の利点を強調した。「今日の経済に取り残された人や、都市の公立学校制度で充分な教育を受けられなかった人、あるいは、ますます複雑になっていく世界を進むのに助けを必要としている人に手を伸ばすうえで、公立にしろ民間にしろ、他のどんな機関よりも図書館のほうがいい仕事ができる」[51]。そして、相応の予算増額もないまま、幅広く拡大しつづける要求を背負わされるのも、図書館以外にはほとんどない。

二〇〇三年にサンフランシスコ公共図書館を訪れた際、多くのスタッフが建物の公衆トイレについて困惑していた様子をよく憶えている。ホームレスの人の多いテンダーロイン地区にあり、彼らは日常の洗顔・清拭や、一、二時間ひとりで過ごしたいときに、よくそこのトイレを利用していた。スタッフは同情的ではあったが、板挟みの感情を抱えていた。この図書館は、私が訪れた他の多くの図書館と同様に、さまざまなニーズをもつ利用者に対してどこまで責任を負うべきなのか、バランスをとるのに苦慮していた。それから六年後、テック企業の流入が深刻な所得格差と住宅不足をさらに悪化させていたころ、サンフランシスコ市は図書館のスタッフにソーシャルワーカーを加えた。リア・エスゲラは現在、かつてホームレスだった数名の人たちで構成される保健衛生と安全のためのチームを率い、利用者に対して、メンタルヘルスの相談窓口やホームレス支援サービスの紹介、就職や食料の支援、薬物依存症のカウンセリングや法的サポートへの案内をおこなっている。[52] エスゲラと同僚は、同様の役割を果たす外部支援部門(アウトリーチ)をもつようになった他の多くの機関のモデルとなった。

図書館史の専門家ウェイン・ウィーガンドがアメリカの公共図書館について書いた『生活の中の図書館——民衆のアメリカ公立図書館史』で述べているように、公共図書館は一世紀以上にわたり、移民や高齢者、家に引きこもった人、病院、介護施設、学校、障碍のある人など、さまざまな組織・人に向けた社会サービスの拠点となってきた。[53] 現場の図書館員はこのことをよく理解している。公衆衛生、都市計画、コミュニティ組織の研究者や実践者たちも、市民生活における図書館の社会的役割を昔から認識していた。一部の図書館では、他の市民向けサービスが物理的に併設されている。たとえば、シアトル公立図書館のバラード分館には「小さな市役所」のための専用の入口があり、シカゴ市住宅局とシカゴ公共図書館は両者のサービスを兼ね備えた三つの施設を共同で建設した。ワシントンDCのマーティン・ルーサー・キング・ジュニア記念図書館の改築にあたっては、政府機関用のスペースも設けることが計画されている。[54]

一九六〇年代、開発経済学者たちは、教育や研究、身体的健康、「精神的な」幸福のために使うサービスや資源を、交通や通信、公共施設などの物理的インフラと区別するために、「社会インフラ」ということばを使いはじめた。[55] 二〇一四年に書いた論文「インフラとしての図書館」をはじめ、私の過去の研究テーマはおもに、都市開発計画の社会インフラの補完物として（ときには、都市開発計画の弱い部分の隠れ蓑として）いかに図書館が機能しているのか、そして、図書館の技術システム、物理的空間、知的使命、社会的責任がいかに相互に強めあう、または弱めあうかを考察することだった。今日、「社会インフラとしての図書館」という考え方は、二〇一八年にこのテーマで刊行され、高い評判を得た『集まる場所が必要だ――孤立を防ぎ、暮らしを守る「開かれた場」の社会学』の著者で社会学者のエリック・クリネンバーグを思い起こさせる。この著作は、彼が二〇〇二年に出版した『*Heat Wave*』（熱波）をベースにしている。一九九五年に起こった熱波による気象災害のなか、うだるようなアパートから涼しい公共施設へと人を運びだし、おおぜいの生命を救ったシカゴの公共精神について綴った本だ。[56]

ここ数年のクリネンバーグの著作は、専門家や政策立案者の議論の土台となったが、そこでは社会インフラの役割の「限界」についての重要な認識が見落とされている。たしかに、たいせつな社会的つながりを築き、あらゆる来訪者を受けいれる図書館の姿は称えることができるし、またそうすべきだが、同時に、建物や技術システム、スタッフの抱えうる仕事量、運営予算など、図書館という施設の物理的インフラが、多様化しつづけるプログラムに継続的に対応する能力の制約になる可能性にも目を向けなければならない。失業率が上昇したり、他の社会サービスや文化資源が縮小されたりすると、図書館に期待されるプログラムはさらに複雑化する。いずれ私たちは、プログラムを限界まで広げきったことを認め、単一の物理的インフラが種々雑多な社会サービスを効果的に支えることは無理だと認識しなければならなくなるだろう。ジャーナリストのアン・ヘレン・ピーターソンは、クリネンバーグの研究に触発され、大きくなりつづける社会的使命について図書館員にインタビューをおこなった。彼らの発言内容は、二〇〇三年と二〇一四年に私がおこなった調査で判明したこととよく似ている。「図書館がすべてを解決することはできません。すべてを解決するように要求するのであれば、それに見合った報酬を用意していただきたい」[57]。いま必要なのはおそらく、図書館と図書館員がさらに強靱で寛容になることよりも、メンタルヘルスケア、教育、修復的司法、住宅支援など、それぞれの強みと、スタッフの専門的な訓練を活かした、社会のより頑健な生態系を築くことではないだろうか（そして、アンジェラ・デイヴィスが指摘するように、社会サービスのそれぞれが、大量投獄の代わりとなる選択肢も提供していくべきだろう）[58]。

同時に私たちは、人に温かく平等主義に立った施設というこの崇高なビジョンがいかにすばらしく、称賛に値するものであったとしても、利用者全員に同等の体験を与えられるとはかぎらない事実に向きあわなければならない。すでに述べたように、多くの機関と同様に図書館も、人種差別や白人至上主義、植民地主義、健常者優先主義といった負の遺産といまだに闘っている。バラ色のビジョンを語ったところで、現場のスタッフ全員の体験と合致するわけではない。精神が不安定な常連利用者から、ときには同僚から、口頭であるいは身体的な攻撃を受けたスタッフもいる。ある者は暴力沙汰に巻きこまれ、なかには落命者も出ている。図書館員のアマンダ・オリバーは、図書館員は非常に重い負担を背負っていると指摘する。負担のなかには、「社会生活がうまくいっていない」人たちへの対応も含まれ、オリバーによれば、そうした人たちはだいたい、警察の留置場か、そうでなければ図書館に行き着くことになる。彼女は、自らの施設内で刑務所的側面を強化するのではなく、図書館はむしろ、警備費用を「ソーシャルワーカーや、メンタルヘルスの危機管理の専門家、不安定な精神を落ち着かせて暴力や衝突を回避するトレーニングなどの支援システム」に配分しなおすよう求めている。[59] これは、「すべての人に開かれている」施設であることの責任の一部なのだ。

クリネンバーグは、建築環境や人々が集う空間は、社会インフラにとってたいせつな資源であると考える。それらは「人間関係の広がりと深さに影響を及ぼし」、「市民参加と社会交流を促し」、「孤立や孤独を含むあらゆる種類の個人的問題の緩衝材となる」。[60] 私も同意見だ。「物理的な場所としての図書館」は、公共という空間において強い力をもつ。だが、本書ですでに述べてきたように、物理的な場所は図書館のインフラ機能の一側面にすぎない。COVID-19のパンデミックのあいだ、図書館は情報提供と社会的機能を果たすおもな手段として仮想空間を活用していた。ニューヨーク公共図書館のアンソニー・マークス館長は、《ニューヨーク・タイムズ》紙に寄稿し、パンデミック後に図書館が取り組むべき課題を掲げている。リストのトップに来たのは、「デジタルおよび仮想技術とその専門知識への投資」だった。[61] 図書館が知識論的・社会的機能を果たすには、なるべく多くの人が図書館の壁の内側と外側の両方で適切な技術インフラにアクセスできるようにする必要がある。

存在論的インフラとしての図書館

社会はいまや技術的要素に頼っている。幾層にも問題が絡んだ二〇二〇年の大混乱と、都市環境における監視・搾取テクノロジーの浸透に照らせば、公共の利益に資する技術システムやツール類を構築する方法については慎重に考えなければならない――社会的つながりの足場としてどう活用するか、図書館や住宅や都市の公共スペースなど、建築環境にどう組みこむか、制度の仕組みの前提となる知識論に物的なかたちを与えられるようにどうデザインするか、そして、インクルージョンと正義の価値を具現化するにはどうすればいいか。メトロポリタン・ニューヨーク図書館協議会のエグゼクティブ・ディレクター、ネイト・ヒルは、これらの新しいツールが、より多くの社会サービスを取りこんで図書館のプログラムを拡大するのではなく、地元の知識や接続性、プライバシーと資源共有に関する懸念など、「システムインフラにまつわる根本的な問題や、長年にわたって蓄積してきた技術的負債」の解決に貢献する方向へ進むかどうかを注視したいと考えている。[62]

情報学者のサフィィヤ・ノーブルは、図書館員やその他の情報専門家が集まる場で、グーグルやフェイスブックなどに代わる公的なツールの確立を頻繁に呼びかけてきた。彼女は、すでにあるシステムをたんに改革するだけでは不充分だと唱える。「広告主にビジネス慣習を変えるよう求めたり、公益にかなう情報圏や情報ポータルのような振る舞いを期待したりしても無理だ。そもそもそういうふうにデザインされてはいないのだから。われわれに必要なのは、市民の側に立った代替策への納税者によるさらなる投資だ。これにより、グーグルやフェイスブックなどのデジタル広告プラットフォームを本来の姿で、つまり、実際にはちがうのに公共図書館のようなものだと誤認せずに理解できるようになる」[63]

ノーブルはこれらの商業プラットフォームには公共への有害性が垣間見えると主張する。陰謀論や暴力、ボーター・サプレッション〔選挙の際、対立候補の支持者を投票に行かせないようにすること〕を狙った誤情報、偏見に満ちた人間性否定のコンテンツの拡散を助長しているからだけでなく、労働力に意味のある多様性を欠き、不安的な働き方の労働者に過度に依存し、そのビジネスモデルが製造、配送、運用、廃棄のために膨大な量の自然資源を消費するうえ、公道や公共の郵便局を利用し、公教育を受けた従業員から利益を得ながらも、それらの資源を支えるための税金を払っていないからだ。商業プラットフォームのリスクはインフラ面と知識論の両方に及ぶ。「こうした企業は、公共善としての知識と教育の共有を破壊する強大な影響力をもつ。私たちが社会問題の解決策を、エビデンスと真理に基づいて集団にとっての最善の利益を形成できるように求めるのに対し、大手テック企業は、納税を回避して行政資金を不安定にし、社会の発展に必要な公共財を積極的にむしばむことで、報道媒体や図書館、学校、大学など高品質の知識を有する機関の弱体化に加担している」[64]

ノーブルのことばは詳細に引用する価値があり、その助言にはぜひ耳を傾けたい。貪欲に搾取と情報収奪を繰りかえすテック業界に対しては（そして、多くの人が主張しているように、根本的に破綻している刑事司法制度にとっても）、改革では不充分だと私たちにうったえる。必要なのは改革ではなく、ルハ・ベンジャミンが呼ぶところの「廃絶主義的ツール」、つまり「コード化された不公平に抵抗し、連帯を築き、解放をもたらす」ためのツールであり、このツールには強固にサポートされた図書館システムをつうじて運営される、公益のための新たな選択肢が含まれることになるかもしれない。[65]

図書館の社会技術的なインフラ――つねに社会的なインフラと技術的なインフラの両面をもつ――は、複数の利用者集団に同時に対応しなければならない。不遇な状況にあるコミュニティにアクセスと安全を確保し、デジタル正義と社会正義の環境をととのえる必要がある一方で、人に分け与えられる資源をもった人がそれを共有できる機会の場も用意する必要がある。たとえば、ブルックリンでは地元のアーティストやデザイナーが図書館でクラスを開いたり、別の街では、テクノロジーに詳しいティーンエイジャーがボランティアで高齢者にその初歩を教えたり、高齢者は代わりに自分たちのライフストーリーを若者が主導する口述歴史プロジェクトに提供したりしている。恵まれたスキルをもち、充分な資源を有する人は、知識や才能を図書館にもち寄り、公共サービスとして差しだすことができる。また、図書館の市民向け技術やデジタルインフラの継続的な開発にも貢献できる。情報リテラシーを熟知したこうした人たちの多くは、何が危険かを知っている。インターネット上につくられた技術的ディストピアの世界を垣間見た人もいれば、その世界の構築に手を貸した人もいる。そして彼らはいま、別のかたちの世界を見たがっている。

ノーブルとベンジャミンの提言に沿って、廃絶主義の世界を想像してみよう。かつて刑罰産業複合体や地方自治体のデータ抜きとり王国を支えていた資金の一部が、最も大きな効果をもたらす場所に、とくに、最も疎外された人たちのために、社会サービスおよび、学校や図書館などの公共インフラに再配分される世界を思い描いてみよう。こうした公共インフラが、商用デジタルプラットフォームなどの企業による適切な納税によってさらに強固に支えられる世界を。メディア専門家のイーサン・ザッカーマンは、監査可能で説明責任を伴う「デジタルの公共インフラ」創設を提唱しており、一部の国では郵便局が通信や公共放送を監督してきた歴史のあることを思いださせる（ただし、この原稿を書いている二〇二〇年後半時点のアメリカでは、郵便局は重大な脅威にさらされている）[66]。歴史から学び、公共の知の創造と保存と普及を支える公共インフラのネットワークを想像してみよう。大学、図書館、放送、印刷、郵便サービス、通信、地域のデータ仲介機関、デジタルインフラが連携し、公共の知識論的生態系を形成できないだろうか？

　そこに到達するまでのあいだ、図書館は、商業的で冷酷にネットワーク化された都市に――監視し、追跡し、採点し、選別し、賞と罰を不公平に与える都市に――「異世界」を、あるいは「例外的空間」を提供しつづけることができるかもしれない。私たちは、自動化されたデジタルシステムのなかで批判精神と自分の意思をもって生きるための「有用」で生産的な知識を身につけると同時に、歩みが遅くて効率も劣るアイデアや、「予想外だったり、関係なさそうだったり、奇妙だったり、説明がつかなかったりするもの」のためにも余地を残すことができるはずだ。[67] また私たちは、自分を監視してくるカメラやセンサー技術をにらみかえすことができるし、どの人物やどの情報がトップにのぼりつめていくかを決定するアルゴリズムを逆算することも、誰が知識にアクセスできるかを制限する技術プロトコルや法政策に疑問を呈することもできる。プラットフォームをつうじて与えられるデータをただ消費するのではなく、図書館や博物館などの知識機関を支え、価値観をプログラミングする、高度で分散されたインフラと人間の知性を認識することができる。これらの機関に依然として満ちている偏見や不公正という負の遺産を認め、その根絶に向けて取り組むこともできる。インターネット検索やストリーミングサービスが環境に与える影響について考え、生態系への負担を最小限に抑えるための実践方法やツールを開発することもできる。これらのことは図書館でおこなえるが、そこだけに限定されるものではない。

ベンチャーキャピタルや偉大な人物たち（十進分類法発案者のメルビル・デューイや鉄鋼王カーネギー、初期のウェブブラウザの開発者のひとり、マーク・アンドリーセン、フェイスブックのザッカーバーグなど）によってつくられた専有技術の部品を使って、機関や社会全体を構築しようとするのではなく、むしろ私たちは、互いに補強しあい、より包括的で公正な知識論的・倫理的価値を促進するような共同体空間、公益性の高い技術システム、そして社会契約をイメージすることができる。そう、自らのインフラを活用して、都市を特徴づけてきた公共の知の豊かな多様性をケアし、維持し、構築していく図書館の姿だ。[68]

第四章
メンテナンス作法

インフラストラクチャは世界中でつねに故障を起こす――ダムや橋の突然の崩壊、送電網や下水道システムの緩やかな劣化、パンデミック対応に必要な医療機関および医療品サプライチェーンの機能停止、警察の腐敗、データのハッキング、破られた条約。故障は社会の知識論的・経験論的現実である。カーネギーやローズベルトの時代につくられたインフラが崩れたとしてもそれは仕方のないことと言う人もいるだろう。いまあるシステムを修正するよりも、自動運転車やブロックチェーン・ベースのサービスがまもなく普及するのだからそれを待てばいい（そして、公共図書館はアマゾンに乗っ取らせておけばいい）と言うこともできる。[1]

COVID‐19の隔離生活が始まって一カ月が経ったころ、シリコンバレーのベンチャーキャピタリストで著名な技術者のマーク・アンドリーセンは自身の会社のウェブサイトをつうじ、アメリカの医療、住宅、教育、交通の不甲斐なさを嘆き、行動を促す熱い声明を出した。「いまこそ、新しい製品、新しい産業、新しい工場、新しい科学、大きな飛躍への積極的な投資に対して、右派からの全面的で、堂々とした、妥協のない政治的支援のときが来た。古いもの、定着したもの、意味のないものを護ろうとするのをやめ、公共部門を完全に未来にコミットさせるべきだ[2]」

「革新」とか「新鮮」といった価値観は大衆にアピールする。少なくとも、「破壊」(トランプ元大統領の場合は「完全な破壊」)が選挙戦のスローガンやあたりまえの統治戦略となるまではそうだった。だが、私たちが学ぶべきなのは、新たに建設するのではなく、むしろ世界がどのように再建されるべきかということだ。元のかたちではないかもしれないが、私たちが望むかたちにどう再構築するかである。新しい医薬品やデジタル技術の出現にすべての希望を託すのではなく、日常的であり地味でありながらも本質的な作業、すなわちメンテナンス、ケア、修繕にもっと目を向けるのだ。スティーブン・ジャクソンが、古典となった論文「Rethinking Repair」(修繕の再考)を書いたのは、いまとなっては一昔前のように思える二〇一四年のことだった。この論文では、社会とテクノロジーの関係を考える際に、「目新しさや成長や進歩ではなく、摩耗、故障、崩壊を起点にする」ことを提案している。この「壊れた世界の思考」という冷静な試みは、「安定性を維持するための継続的な活動や、遠心力に逆らって豊かで頑健な生活を送るための巧みな修繕術に対する、深い驚きと感謝」につながるものだ[3]。

建築学、都市研究、労働史、開発経済学、情報学をはじめ、多くの学問分野や専門的な実践現場において「メンテナンス」は、理論的枠組み、精神（エートス）、方法論、政治理念として新たな共感を得ている。研究分野として刺激的なのは、学問と実践のあいだの境界線があいまいだからだ。メンテナンスを研究すること自体がメンテナンス活動だと言える。文献の隙間を埋め、異なる分野間のつながりを見いだすことも、修繕の行為、単純に言えば丁寧にケアすることであり、糸をつなぎあわせ、穴を繕（つくろ）い、聞こえにくい小さな声を増幅することなのだ。

この分野の研究は必然的に集団での取り組みとなる。二〇一六年、技術史家のアンドリュー・ラッセルとリー・ビンセルは「メンテナーズ」という研究ネットワークを立ちあげた。[4] メンテナーズのキャッチフレーズは、ウォルター・アイザックソンの著書『イノベーターズ——天才、ハッカー、ギークがおりなすデジタル革命史』をもじったユーモラスなものだ——「官僚、標準化エンジニア、内気な人間がおりなす、ほとんどの時間なんとか動くデジタルインフラ開発史」。彼らは注目すべきカンファレンスを主催し、《ニューヨーク・タイムズ》紙やオンラインマガジン〈イオン〉に小論を載せ、それに触発されて、多くの雑誌記事やパネルディスカッション、展示会、学術論文、ワークショップが生まれた。二〇二〇年には『*The Innovation Delusion*』（イノベーションの幻想）という本も出版している。[5] 一方、ニューヨークのアーバン・デザイン・フォーラムは、メンテナンスに関する一年間のプロジエクトを企画し、成果を出版物としてまとめた。イギリスでは二〇一八年と二〇一九年にロンドンとリバプールでメンテナンス・フェスティバルが開催され、公営住宅、施設管理、住民による手入れ、工具類の展示、ボランティア活動の感情労働などのテーマが取りあげられた（私も二〇一九年のフェスティバルで講演を依頼され、メンテナンスと脱成長〔経済成長を伴わない持続可能な経済体制〕との関係について話した）。本書を執筆しているいまはCOVID-19の混乱下にあるが、ニューヨークの由緒ある展示場、ストアフロント美術・建築ギャラリーは、メンテナンスをテーマにした夏限定のテレビシリーズを主催している。[6]

メンテナンスはいまの時代にタイムリーなテーマかもしれないが、目新しくはない。昔から蜘蛛（くも）は蜘蛛の巣を、鳥は雛（ひな）を育てる巣をつくり、修繕してきた（図35）。古代人は水路や泥の家を修繕した。カール・マルクスは、資本主義の存続条件として「労働者階級の維持（メンテナンス）および再生産」の必要性を論じている。[7] ラッセルとビンセルは、電話から道路に至るまで、「一八七〇年代から一九二〇年代にかけて生まれた、新技術をめぐる、世のなかを導くような文献のなかで、メンテナンスは頻繁に登場するトピックだった」と述べている。[8] このテーマを取りあげるのなら、メンテナンスと修繕がつねに、技術（より広くとらえれば、制作活動に伴う能力（テクネー））の政治的、社会的、文化的、生態系の文脈によって形成されてきたことを認識しなければならない。さらに、いま直面しているものの歴史を知らなければならない。

図 35.　ニナ・カチャドリアン、「補修された蜘蛛の巣 #19（洗濯紐）」、1998年。

ラッセルとビンセルは、一九世紀の産業主義から発明の時代、戦後の消費者技術、冷戦時代の研究開発ラボ、一九八〇年のバイ・ドール法（連邦政府の資金で開発された発明であっても、研究者が特許権を取得できると認めた法）、そして今日のシリコンバレーに至るまで、神格化されたイノベーションの系譜をたどっている。[9]

　支配的なパラダイムとして「メンテナンス」を「イノベーション」と競わせるにあたり、私たちはまず、より大きな公共の舞台を構築する必要がある。最近までは、経済学者やエンジニア、政策立案者など、属性的に同系統のグループが議論の主導権を握る傾向にあった。[10] 壊れた世界の壊れ具合（およびその修復にかかる費用）を考えると、すべてのメンテナンス実践者に、その専門的で多様な方法論と実践スキルを、共同の修繕プロジェクトに適用してもらう必要がある。ジャクソンは、「修繕思考」を独自の知識論として位置づけるよう提案している。ジャクソンによれば、修復者は、「『デザイナー』や『ユーザー』といった、よく聞く立場の人とは異なるもの、異なる世界を見て、知って」いる。故障――そして、語源的な近縁である回復・償い（リパレーション）を考えて私がつけ加えるとすれば、修繕（リペア）も――には、「世界を明らかにする特性」がある[11]（図36a&36b）。同様に、スティーブン・グラハムとナイジェル・スリフトが、故障と失敗を「社会が再生を学ぶための手段」としてとらえるのは、壊れたシステムの修繕にはつねに「適応と即興」の要素が含まれているからだ[12]。

イノベーションの優位性に異議を唱え、メンテナンスの価値を見直すこれらの概念は、さまざまな分野でどのように取りいれられてきたのだろうか。私たちはそこから何を学べるだろうか。科学技術の専門家が、建築家や図書館員、行動主義者および、保護・管理にかかわる他の思想家や実践者ともっと深いつながりを築くにはどうすればいいだろうか。もし私たちが、矯正のための枠組み（目立たずに機能するにせよ、根本のところに働きかけるにせよ）としてメンテナンスを理解し適用したいのであれば、女性の仕事の伝統や黒人フェミニズム思想、家事や生殖労働、そして公式・非公式を問わずすべての保存や保全活動を、価値あるものとして認める必要があると私は考える。ただし、メンテナンスと修繕を美化して語るのは避けなければならない。ケアにつきまとう政治性にフェミニズムが投げかける批判

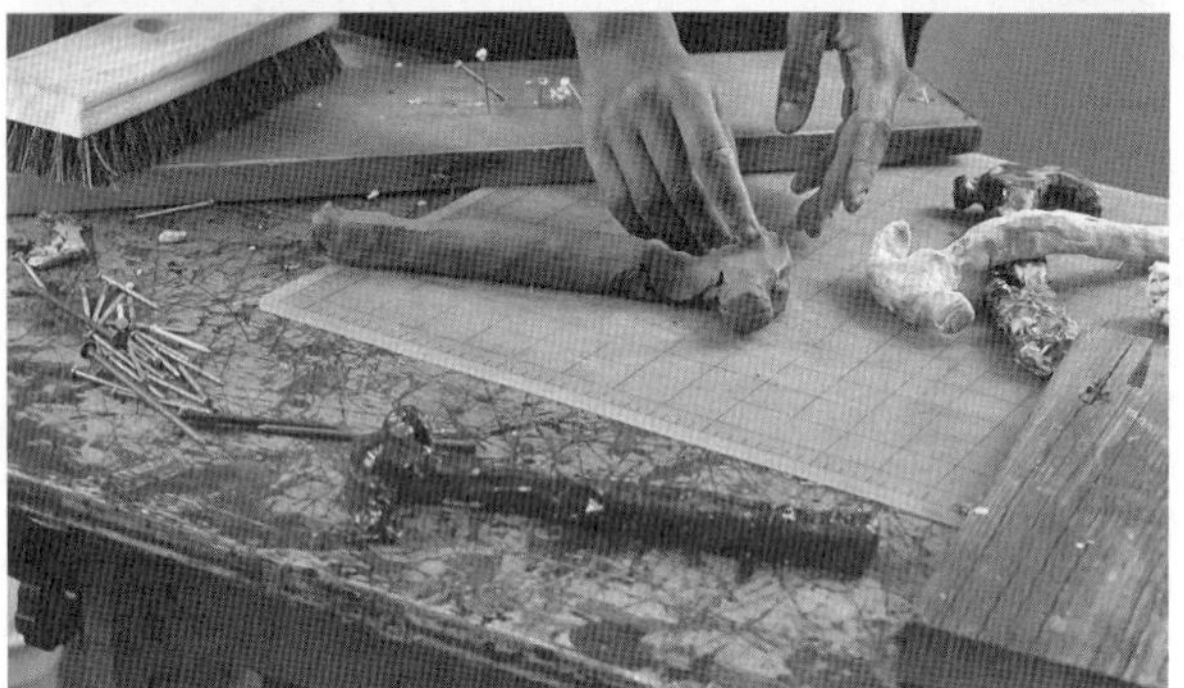

図 36a & 36b. イラナ・ハリス＝バブーが修繕の美学とリパレーションの政治性との関係を説明する「Reparation Hardware」、2018年制作の HD ビデオ作品（4分05秒）。

（とくに、低賃金の移民や有色人種の働きに依存している点）から学ぶことができるし、西洋以外の地域でのメンテナンスの現場に目を向けることもできる。

以降の節では、こうした異なる学問分野のアプローチが、メンテナンスの四つのスケールにどのように収束するのかを示していこう。「錆（さび）」では、輸送システムやソーシャルネットワークなど、大規模な都市インフラの修繕について考察する。「埃（ほこり）」では、家事などの家庭内・屋内におけるケアの形態とともに、建築物のメンテナンスを取りあげる。「ひび割れ」では、テレビや地下鉄の標識、携帯電話など、モノの修理について学ぶ。最後の「腐敗」では、デジタルコンテンツやネットワーク化された建築物、インテリジェントな都市の運用を支える資源であるデータをクリーニングし維持するキュレーターに焦点を当てる。

人やデータは、こうしたメンテナンスのスケールのあいだを、特定の文化や地理のもとで、また異なる主観をもって横断する。本章では、このような別の視点から物事を見たり、社会のなかでメンテナンスがどのように表面化するのかをイメージしたりするのに役立つ、アーティストによる作品も併せて紹介していく[13]。

一　錆：都市の修繕

アメリカ土木学会（ＡＳＣＥ）は四年ごとに「インフラ成績表」を発行しており、それを受けて、公共事業の劣悪な状況に関する報道の波が巻きおこる。[14] 二〇一七年、アメリカは国全体として、残念な、とはいえ驚きもない、Dプラスの評価を受けた。水道システムはDだった（処理された水の六〇億ガロン——約二七〇〇万キロリットル——が毎日失われている）。ダムもD（一七パーセントに重大な危険性あり）、道路もD（五マイルのうち一マイルの路面が不良）で、公共交通機関はDマイナスだった（九〇〇〇億ドルにのぼる補修プロジェクトの滞積）。なぜこのような怠慢がまかり通っているのか？

ブルッキングス研究所（毎度おなじみの）が主催したフォーラムで、経済学者のラリー・サマーズはいつもどおりに説明した。「どの関係者にとってもメンテナンスは意欲を掻きたてられる仕事ではない。メンテナンス・プロジェクトに名前をつけた人はいないし、メンテナンス・プロジェクトで認められた人もいない。在任中にメンテナンスを延期したことで大きな非難を受けることもほとんどない」。彼の対談相手であるエドワード・グレイザー（これまた、いつもどおり経済学者！）も同意している。「新しいプロジェクトは派手に報道されるが、学校の冷暖房空調設備（HVAC）のメンテナンスにはあまり関心をもたれない。こっちのほうが社会的には価値があっても」[15]

だが、このようなマクロ経済的な見方は、世界は日々あらゆるところが修理されているという現実を見えにくくする。私が育ったのは町の小さな金物店で、配管や機械修理や造園の専門作業員がいつも店のなかを埋めつくしていた。都会では、窓拭き作業員が通りの高いところで、ケーブル敷設作業員が低いところで働いている。橋の塗装作業員は、塩分を含んだ空気や排気ガスと闘っている(図37&図38)。「現代の都市生活者は、絶え間ない修繕やメンテナンスの騒音に囲まれている」とナイジェル・スリフトは観察する。空気圧ドリルの音、道路清掃車の音、都市周辺部では自動車修理工場や廃棄物処理施設のカンカン、シューッという音が耳に飛びこんでくる。[16] 空き地に新しい建物が建てられる、建設現場の喧噪も、修繕のサインととらえることができる。都市プランナーのダグラス・ケルボーは、開発エリア内の空き地に新たに何かを建てるインフィル建設を、都市構造の「繕い」ととらえることを提案している。[17]

一方で、介護士、セラピスト、聖職者、ソーシャルワーカーなど、福祉や救済活動に従事する人たちは、都市の社会インフラを支えている。社会学者のトム・ホールとロビン・ジェームズ・スミスは、これらの「ケアラー」を「都市の優しさ」の道具と見なすが、ケアと利他主義の行為を混同することには注意が必要だ。地理学者のジェシカ・バーンズは、メンテナンス研究の復活に潜むロマンティシズムに警鐘を鳴らす。メンテナンス研究の専門家は、過小評価されていたある種の仕事を高く評価し、修繕を消費と浪費の対極にあるものと位置づけてきたが、多くの環境において、とくに産業化以降の西洋以外の国々では、都市や環境

MANIFESTO!

MAINTENANCE ART -- Proposal for an Exhibition

"CARE"

©1969
Mierle Laderman Ukeles

I. IDEAS:

A. The Death Instinct and the Life Instinct:

The Death Instinct: separation, individuality, Avant-Garde par excellence; to follow one's own path to death--do your own thing, dynamic change.

The Life Instinct: unification, the eternal return, the perpetuation and MAINTENANCE of the species, survival systems and operations, equilibrium.

B. Two basic systems: Development and Maintenance. The sourball of every revolution: after the revolution, who's going to pick up the garbage on Monday morning?

Development: pure individual creation; the new; change; progress, advance, excitement, flight or fleeing.

Maintenance: keep the dust off the pure individual creation; preserve the new; sustain the change; protect progress; defend and prolong the advance; renew the excitement; repeat the flight.

show your work--show it again
keep the contemporaryartmuseum groovy
keep the home fires burning

Development systems are partial feedback systems with major room for change.

Maintenance systems are direct feedback systems with little room for alteration.

図37.　ミエレル・レーダーマン・ユケレスによる、「ケア」をテーマにした展示会の提案書「メンテナンス・アートのマニフェスト1969」。タイプライターで書かれた4ページの文書、各ページは8½ × 11インチ（レターサイズ）、ペンシルベニア州フィラデルフィア、1969年10月。

図38.　ミエレル・レーダーマン・ユケレス「Washing」（洗浄）、ニューヨーク、ソーホーのA.I.R.ギャラリー前にて。16 × 20インチ（約40 × 50センチ）の白黒写真14点、20 × 16インチ（約50 × 40センチ）の白黒写真3点、およびテキストページ2枚。1974年6月13日。

のメンテナンスを動機づける要因はもっと込みいっている。[18] さらに、数多くのアーバニストや批判的立場の人種問題研究家――ロバート・ブラード、ベバリー・ライト、ミンディ・フュリラブ、ジェシカ・ゴードン・ネムハード、ジェイソン・ハックワース、ジュディス・ハメラ、ウォルター・ジョンソン、ブレンティン・モック、アシャンテ・M・リース、ラシャド・シャバス、キアンガ＝ヤマッタ・テイラーたち――が、インフラ整備の怠慢の歴史が、構造的な人種差別および環境不正義の歴史と密接に絡みあっていること、また、長いあいだ黒人コミュニティが、地元の行政府から見過ごされてきた（または後回しにされてきた）道路や水道システム、公園の修繕（または新たな建設）に自らの労働力と資源

図39. カデル・アティア「Traditional Repair, Immaterial Injury」（伝統的修復、無形の傷）、その場で制作されたフロア彫刻、2014年。金属製のホチキス針とコンクリート。トロントのパワープラント・アートギャラリーで開催された「The Field of Emotion」（感情の場）展での展示風景。アティアの作品は、植民地主義の遺産および、修復の試みと文化の再適用が残した傷や痕跡をテーマにしている。

を捧げてきたことについて説明している[19]。

正式なインフラの多くが植民地主義のなごりである国は世界のあちこちにあり、帝国主義の遺物がグローバルな金融システムをつうじて生き残っている（図39）。輸出型のスマートシティの開発そのものが、インフラや政治経済の問題を解決する手段として謳われることはよくあるが、アルゴリズムによって管理され、ブラックボックス化されたその解決策は、専有技術のプラットフォームや埋め込み技術を介して運営されており、かえって現地の修繕の取り組みを妨げることも少なくない。世界銀行や国際通貨基金（ＩＭＦ）が資金提供する「復旧(リハビリテーション)」計画は、「放置されたメンテナンス支出が『新規建設』プロジェクトをつうじて資本化される傾向」を映しだす。[20] このようにメンテナンスは、市場や資源へのアクセスを開いたり保護したりする計画と絡みあっている。開発プロジェクトのなかには、地元の抵抗や行政上の問題によって停滞するものもあれば、社会から疎外され、権利を制限されている人たちを置き去りにするものもある。また、インフラがなかったり、信頼性が低かったりする地域では、違法な給水栓やこっそり分岐した電線、海賊版のラジオ局、裏山を勝手に掘りかえした穴、闇のネットワークなどがその隙間を埋めている。多くの地域には、その地域ならではの「修繕生態系」がある。たとえばキューバの地下市場では「週刊パッケージ(エル・パケテ・セマナル)」と呼ばれる、週ごとに提供される新しいデジタルコンテンツがあり、安全性を信頼できない国のインターネットを迂回するべく、ハードドライブを介したオフラインで配布される。[21] これもまた、一種のメンテナンスだ。グラハムとスリフトは、グローバルサウスでは、「都市生活のテクノソーシャルな建築そのものが、修繕と即興の巨大なシステムによって強く支配され、それらをつうじて形成されている」と述べる。[22] 開発途上の地域は、錆びた船舶の解体や電子廃棄物の処理など、豊かな国があまりしたがらないメンテナンスを引きうけるオフショアの「裏山」にもなっている。ジャクソンが言うように、「グローバリゼーションの受動的な側に置かれやすい」地域があるのだ。[23]

部外者はときとして、錆びた橋や壊れたパイプなど「欠陥のある物体」そのものに注目するという間違いを犯しがちだが、地元の修理関係者は「欠陥のある物体が置かれたままになっている社会と政治の関係」のほうにより強い関心をもつ。バーンズは、ナイル渓谷に住むエジプト人農民が灌漑用水路を管理するのは、たんに水流を維持するためだけでなく、「他の農民との共同体としての結びつきを維持するため」でもあると報告している。[24] 同様の慣習は、人類学者ニキル・アナンドの『*Hydraulic City*』（水力都市）でも見ることができ、水インフラのメンテナンスが、住民や配管作業員、技術者、政治家を、不均等な「水利市民権」のシステムのなかで結びつけている様子を示している。[25] 食のインフラに関する研究において、アシャンテ・リースは、ワシントンDCのインフラ不足にあえぐコミュニティがどのように「自立の地理」を築いているかを考察した。彼らはシステムの不公正を批判しながらも、自らの生計を立て、繁栄も可能にしている。[26] リースは、ジェントリフィケーション（地域の高級化。それまでの住民は住む場所を失う）や住環境の悪化があるにもかかわらず、コミュニティの菜園は「抵抗のひとつのかたち」であって、「彼らが根をおろした場所にとどまる決意と願望を象徴的に表している」と述べている。[27]

このような実践を目撃すると、「メンテナンスされているのは実際には何なのか？」という問いを突きつけられる。グラハムとスリフトも言う。「（メンテナンスされているのは）

その物体そのものなのか？　それとも、その物体を取りまく合意された秩序か、あるいは、なんらかの『より大きな』存在なのだろうか？」[28]多くの場合、答えには上記のどれもが当てはまる。メンテナンスはスケールを超えておこなわれる。レンズを逆から見れば、壊れたシステムの多重のスケールが、往々にして修繕を妨げていることがわかる。ニューヨーク市の地下鉄を考えてみよう。デブラシオ市長とクオモ知事が、地下の混乱を修復する責任があるのは市か州かについて何年も争ったのは有名な話だ。誰も金を出したがらないため、世界有数の交通システムは荒廃している。地元、州、連邦政府の入り組んだ利害関係が、ミシガン州フリント市の水道水汚染問題も悪化させてしまった。歴史家のスコット・ガブリエル・ノウルズは「公共インフラのメンテナンスの遅れ」を、社会から疎外され、粗末に扱われている人たちの抑圧に手を貸す「緩やかな災害」ととらえている。[29]一方、経済学者のラリー・サマーズは、世界の修復コストは時間とともに膨れあがるため、「次世代に課せられる負債の重さ」を強調する。経済学者たちは、インフラのメンテナンスは経済成長と生産性にプラスの影響を与えると口をそろえる。[30]だがいまも私たちは、大混雑の地下鉄7号線をホームで待っている。

二　埃：労働とケアの空間

経済学者やエンジニアでさえ、都市メンテナンスのための資金調達を呼びかけられないのであれば、私たち一般市民に何ができるだろうか？　アメリカ土木学会（ASCE）の「インフラ成績表」は、公営住宅や精神疾患のクリニックには点数をつけないし、図書館員、家事労働者、データ管理者が構築およびメンテナンスしているインフラも対象外だ。だが幸いなことに、メンテナンスの研究者は修繕空間をより広い視点からとらえている。インフラの状況を別の観点から評価する査定機関もある。

ニューヨーク市住宅局（NYCHA）は、三二五カ所の地域に建つ二四〇〇棟以上の建物を管理し、市民の約五パーセントに住処を提供している。これらの建物は平均して築六〇年、設備は頻繁に故障し、住民は暖房も給湯もない状態に陥る。NYCHAの二〇一七年におこなった「公共ニーズ評価」によると、屋根や窓、パイプのひび割れのせいで、天井や壁にカビなどのさまざまな不具合が生じている。キッチンと浴室の改修には今後五年間で三一八億ドルがかかると見積もられた[31]。しかもこれは、連邦政府の制裁措置が入るまえの話だ。局職員が鉛塗料に関する虚偽の報告書を提出したことが発覚したあと、NYCHAは連邦政府の監視下に置かれ、修繕にさらに一〇億ドル以上を拠出することを余儀なくされた。このような負のループは、メンテナンス先送りの典型的な例だ。連邦予算の削減が地方の怠慢につながり、それが連邦による制裁を招いている[32]。

規制機関の視点から覗きこむと、建物のメンテナンスにかかわるすべての労働を見やすくなる。ヒラリー・サンプルが説明するように、建築のスケールで見るメンテナンスには、「保全、材料科学、開発、政策、保険法、建築基準法」など、幅広い専門的知識・技術が必要になる。プレモダン住宅から現代の空港まで、建物の様式ごとに維持、保存、改修の方法は異なる。近年、建築家は建物の性能を査定し、調整を施すための施工後評価を実施している。また、耐久性のある資材を選んだり、ライフサイクルコスト分析や環境影響調査をおこなったりすることで、メンテナンスの必要性を予測し、それを意識した設計にすることもできる。[33]

建物のメンテナンスの様子は通りからでも見えることがある。表の入口には作業許可証が貼られ、工具を積んだバンが停まっている。ニューヨークの建築センターで二〇一七年に開かれた展示会「Scaffolding」（足場材）では、実用性の極致のようなこの物体——歩行者の通行の邪魔になり、地下牢のような場所をつくりだしてしまうため、ニューヨークではふだん、あまり人気がない——が、社会的なインフラとして、即興的な建築のツールとして、さらには演者によるパフォーマンスの舞台としても機能することを示した。パンデミック中に人気を博した衛星・ケーブルテレビ放送局ＨＢＯの番組「ジョン・ウィルソンのハウツー講座」で足場材がテーマになったことがある。アテヤ・コワキワラも同様に、「建設と修繕が永遠に続く都市」ムンバイのどこにでもある竹製の足場は、「素材というよりもむしろ、社会的関係の要素」であるとし、その素朴で持続可能な性質、熟練労働者が駆使する高度な組み立ての技術は、現代のコンクリートに対する、倫理面で好ましい代替策と位置づけている。[34]

　建物の内部では、メンテナーの顔ぶれがさらに広がる。ジュリエット・スペルタスとバレリア・モギレビッチはビルの管理人を取材し、彼らが「メンテナンス現場の教育係であり、執行者であり、イノベーターでもある」姿をオンラインの〈アーバン・オムニバス〉誌で紹介した。社会学者のクリストファー・ヘンケは、施設管理者が互いに仕事を調整する様子を研究しており、別の論文では、修繕を、持続可能な建築慣行に不可欠ととらえるよう提言している。そしてもちろん、テナントやオーナーが自身のスペースのためにおこなっているメンテナンス作業も忘れてはならない。[35] 一世紀以上にわたり、エンジニアや経営コンサルタント、効率化の専門家（多くは女性）が、家事の仕組みを研究してきた。彼らは「家政学」運動と家庭経済という学問分野を切りひらいた。[36]

　一九六〇年代に多くの女性が労働力に加わると、学者や活動主義者は（初期フェミニズム運動から着想を得て）、女性がこれまで長く無報酬のまま担ってきた家庭のメンテナンスについて従来とはちがう見方を示しはじめた。シルビア・フェデリーチが言うように、「二度の大戦のあと、家庭生活こそが幸せという甘いことばや、より多くの労働者と兵士を生みだすために自らの人生を犠牲にするという考え」――生産的な経済を維持するために必要な労働力の再生産――が、「私たちの想像力を支配しなくなった」のだ。[37] ミエレル・レーダーマン・ユケレスは、「メンテナンス・アート」というジャンルを確立し、人を消耗させる家事労働というメンテナンスの日常性を描く一方で、この作業（そして、妻であり母である自分自身）を市民生活のなかで可視化し、価値を与えた（図37参照[38]）。だが、マルクス主義フェミニズムによる「再生産労働」に関する初期の思考の多くは、有色人種の女性、貧しい女性、移民の女性たちが「何十年にもわたって、市場で有給の仕事に就いてきた」事実を無視していた。彼女たちは裕福な家のために調理し、掃除し、子守りをする一方で、自身や家族の世話をする時間はとれないことがよくあった。[39]

今日、社会学者は、再生産労働の社会経済的なダイナミクス、とくにジェンダーのバランスの変化、家事労働者の権利、メンテナンス労働がグローバルサウスからグローバルノースへ移転する「グローバル・ケア・チェーン」への関心を強めている。[40] 批評家や活動主義者は、より広範な（再）生産活動の妥当性を認め、そこには「現存する生命を維持し、次世代を再生産するために必要なすべての精神的、肉体的、感情的労働」が含まれるとした。[41] 生活を維持していくのは大仕事だ。この分野の基礎ともいえる、一九九二年に発表されたエブリン・ナカノ・グレンの基礎をなす論文のなかで、彼女は、家庭のメンテナンスにかかわる責務を挙げている。「生活用品の購入、食材の準備と調理・配膳、衣類の洗濯と補修、家具や電化製品の維持管理、子どもの社交生活の支援、大人のケアと感情的サポート、親類や地域社会とのつきあい」。今日では、機器類の技術サポートやデジタル・フィルタリングも加わりそうだ。[42]

現代の理論家や活動主義者は「ケア」についてもさかんに論じており、ケアは（再）生産能力と同じくらい、メンテナンスの精神（エートス）と情動にも関係するとしている。ジョアン・トロントとベレニス・フィッシャーは、ケアを「できるだけ良好な状態で生きていけるように『私たちの世界』を維持し、継続し、修復するためのあらゆる活動」と定義する。「その世界には、私たちの身体、精神、環境が含まれ、それらすべてを、人生を支える複雑な網目のなかに織りこもうとする」。マリア・プーチ・デ・ラ・ベラカーサは、ケアには、軽視され抑圧されてきたものに対する「倫理的・政治的なコミットメント」と、この物質世界にもたしかにある感情的側面への関心が伴うと論じる。人がものをたいせつにするのは、それが価値を生むからではなく、すでに価値をもっているからなのだ。[43]

この確信は、ケアについて考えるときの多くの黒人フェミニズムの根底にある。ジェニファー・ナッシュは、黒人女性が長年にわたって医療やケア労働の政治に関心を寄せてきたことを認めつつ、こう説明する。「黒人フェミニズム理論は、ここへきて新たに、そして強くケアを重視するようになった。この新たな関心を考える際には、少なくともふたつの現象を中心に渦巻いているととらえるべきだ。ひとつは、黒人フェミニズムの実践に関し、セルフケアを黒人フェミニズムの主要な生存課題としてとらえる学術論文や一般著作が急増していること。もうひとつはブラック・ライブズ・マター（ＢＬＭ）運動の文脈で、黒人の社会的死が現在を特徴づける条件として再び注目され、死に対するケアが新たに重視されていることだ。[44]二〇二〇年春から夏にかけての暴動のなかで、ニュースクール大学の同僚デーバ・ウッドリーは、ＢＬＭ運動はたんに個人のケアではなく、構造的なケアに取り組む運動であると強調した。[45]「癒やしの正義」という考え方は、人種差別による精神的苦痛の存在を認め、「最も疎外された人たちを中心に据え」、「ケアと肯定は個人的なものであるだけでなく、きわめて重要な政治的資源でもある」と主張する。[46]

だが、その実用的な価値にもかかわらず、ケアはメンテナンスと同様、簡単に美化されてしまいがちだ。歴史家ミシェル・マーフィーは、一九七〇年代のフェミニズムが推奨した「ケアの政治」は、「白人特権と資本主義によって規定されていた」と論じる[47]（図40）。こうした見落としを正すために、理論家や活動主義者は、拡大するサービス産業での女性ワーカー（乗客係、受付、看護師、ウェイトレス、カスタマー相談窓口など）による、訓練された義務的なケアに関心を向けるようになった。ナレッジワーカーもときに、同様の懸念に直

図40.　ソーニャ・クラーク、「リバーサルズ」、フィラデルフィアのファブリック＆ワークショップ美術館とのコラボレーション（パフォーマンスのスチール写真）、2019年。

面することがある（第三章参照）。フォバジ・エタールは、図書館員は低賃金、低い地位、仕事量の増大を受けいれるように仕向けられていると指摘する。その理由は図書館員という職は、「本質的に善であり、神聖であり、ゆえに批判とは無縁の場所」であって、奉仕精神を発揮できる天職と見なされるからだと。だが図書館は、高潔な存在であるがゆえに、植民地主義と特権に根差した慣習と政策のうえに成りたっている。都市の他の社会サービスが資金不足に苦しむなか、図書館員はしばしばその穴埋めを押しつけられている。[48]

　医療分野に話を移そう。医療は、利用できるかどうかが不均衡であることに加え、不平等を悪化させる政策、保険会社や製薬会社を儲けさせる治療をつうじて提供されている。障碍のある人にとって、「ケア」とは歴史的には施設に収容されることを意味していた。[49] 医療の現場では女性は過去も現在も軽視されており、申告した症状を精神的なものとか、気のせいと片づけられることが男性よりも多い。[50] とりわけ黒人女性は不利な立場に置かれる。何世紀にもわたり、強制不妊手術や堕胎手術など非人道的な扱いにさらされ、人種差別の遺産によって、黒人女性が質の高い医療を手ごろな費用で受けられる道が狭められている。性感染症の発生率や乳幼児死亡率が他の集団より著しく高く、身体への負担の大きい医療処置を勧められることが多く、したがって入院中の死亡リスクも高い。[51] アロンドラ・ネルソンが述べているように、この医療差別のなごりが、ブラックパンサー党〔一九六〇年代後半から一九七〇年代にかけてアメリカで黒人解放闘争を展開した政治組織〕に無料診療所のネットワーク構築、無料診断の提供、教育支援に取り組ませることになり、これらは「たんなる生物学的懸念を超え、幸福とは何かも見据えた」インフラとなった。[52]

ミシェル・マーフィーはケアの重要性を否定しないが、「多くの学者たちが」――私がつけ加えさえてもらうなら、多くの政策立案者、活動主義者、アーティスト、デザイナーも――「感情とケアを介して政治を再考しようとしているいまこそ」、ケアのもつ問題の歴史や行政構造と向きあうべきだと求める。また、ケアを望ましい姿に戻す戦略を考えるうえで、ケアが本質的に高潔で、善良な感情に基づくものと決めつけないよう戒める。アリン・マーティン、ナターシャ・マイヤーズ、アナ・ビセウは、ケアの批判的実践でたいせつなのは、「ケアする主体の特権的な立場に注意を払い、ケアする力が誰にあり、ケアされる対象として誰がまたは何が適切あるいは不適切な対象と見なされる傾向にあるのか慎重に見守ること」だと唱える。[53]このような問いかけは、交通網や学校制度や住宅や物品まで、あらゆるスケールのメンテナンスに広げて考えることができる。

さらに踏みこめば、ブラック・ライブズ・マター運動が「構造的ケア」に注目していることを意識し、ケアの生態系を支える物理的なインフラ——さまざまなスキルをもった街路清掃員やごみ収集作業員、教師、ソーシャルワーカー、セラピスト、福祉活動者に対して、目的に合った活動しやすい物理的環境と資源を提供する都市や建物——に思いを至らせることができる。[54]環境へのケアも重要だ。どうすれば、根本的なメンテナンスを促進していけるだろうか[55]？　ＣＯＶＩＤ‐19のパンデミック時には公式のインフラが機能せず、相互扶助のネットワークが台頭するのに伴い、対人ケアもセルフケアも物理的・社会的インフラに依存していることを浮かびあがらせた。[56]どうすれば、植民地支配以前の交換ネットワークや、病気や障碍のある人のコミュニティでのケアの連携から、つまり、リア・ラクシュミ・ピープズナ＝サマラシーナが説明するような、「コミュニティ自体がコントロールをもち、コミュニティを構築し、喜びに満ち、愛され、与え、受けとり、その過程で誰も燃え尽きたり、虐待や不当な低賃金に悩まされたりすることのない方法で、人が深くケアにかかわれる」姿から、インスピレーションを得られるだろうか？[57] どうすれば、「ケア」を、犯罪処罰システムの構築やインフラに不可欠な価値として位置づけ、復讐ではなく修復のための仕組みや空間をデザインできるだろうか？ ミネアポリスでジョージ・フロイド殺害事件が起こり、警察に予算を回すな、警察を廃止しろといった声があがるなか、改革派は、従来の刑事司法制度に代わる手続きや修復的な枠組みとはどのようなものかを模索している。たとえば、オンラインの〈アーバン・オムニバス〉誌は、二〇一七年から二〇一八年にかけて、人気シリーズ「正義の場所」で、これらの問いの答えを探究した。[58] もし私たちが、物質世界をデザインする実務家、それを規制する政策立案者、民主主義のプラットフォームに参加する市民のために、分析と想像の枠組みとして「ケア」を当てはめれば、より公平で責任あるシステムを構築できるかもしれない。[59]

この世界（人間世界）の保全はときに、生態系の文脈でのケアとは相反する場合のあることも憶えておかねばならない。すべての道路やダムを修繕すべきではないのかもしれない。地理学者のケイトリン・デシルベイは、人工物世界でのエントロピー〔自然の法則に従った乱れや崩壊〕を考慮するようにと助言する。また、誰のために保全しようとしているのか――保全活動にはしばしば、他の種や広い生態系と関連するさまざまな人間のコミュニティへの配慮が必要になる——を自問するように、さらに、必要に応じて「管理された衰退」を受けいれる姿勢の育成もたいせつだと諭す。[60]

この「埃」セクションの最後に、個人レベルのケアと構造レベルのケアの統合、そしてサービススペースが建築設計に（ときに内密に）組みこまれる事例を紹介しよう。[61] 一九九〇年代、車椅子生活をおくっていた新聞社の発行責任者ジャン＝フランソワ・ルモワーヌは、自身の障碍を目立たせない物的な世界をつくろうと決意した。建築家のレム・コールハースに「複雑な家がほしい」と依頼したと報じられている。「なぜなら、住む家が私の世界を定義するから」。コールハースが設計したのは、一〇×一一・五フィート（約三〇五×三五〇センチ）の昇降台に設置した書斎机を中心とする三階建てだった。昇降台は何階に移動してもその階の床に溶けこみ、ルモワーヌのところへ家のほうを来させるようになっていた。コールハースが建築評論家のニコライ・ウルーソフに語ったように、この家は「家族のなかで、（依頼主である）フランス人男性の立場を再認識させる」つくりになっている。[62] ウルーソフは、この昇降式プラットフォームから「子ども部屋にたどりつくのはかなりむずかしい」と指摘しており、そこに依頼主のフランス人男性と子育てとの距離感が表れている。

二〇〇八年、イラ・ベカとルイーズ・ルモワーヌ（ジャン＝フランソワ・ルモワーヌの娘）が監督したドキュメンタリー映画「コールハース・ハウスライフ」の冒頭シーンでは、父親ではなく、ハウスキーパーのグアダルーペ・アセドが、バケツやモップ、掃除機が並んだ昇降台の上に立っている。ヨハン・シュトラウス二世の「加速度円舞曲」に合わせて昇っていくが、これが皮肉なのは、この家の仕組みと構造が彼女の仕事の邪魔をし、遅くさせているように見えるからだ[63]（図41ａ＆41ｂ）。この映画の製作者は、シーンを素早く切り替えるのではなく、アセドや他のハウスキーパーがたどる回りくどい経路をじっくりと追跡している。彼らがハシゴをのぼり、入り組んだ廊下を歩きまわり、屋外にある急勾配の通路をおりる様子を見ると、その苦労が伝わってくる。ある場面では、アセドがもっていた、プール掃除用ネットの長い柄がカメラにぶつかる。ぶつかった衝撃が、そのばかばかしさとともに、観る人の頭のなかで響きわたる。

アセドは即興の振る舞い方を学び、建物の特異な広がりと動線の効率の悪さを受けいれた。あるシーンでは、彼女はモップ、バケツ、掃除機を抱えて螺旋階段をのぼり、カーブのきつい場所でもこれらの直線的で長さのある用具を臨機応変に使いこなす。視聴者は、ケアする側の仕事を明らかにむずかしくしている家の構造に、彼女が忍耐づよく順応していることに感心する。だが、この映画を観たコールハースは、自身の設計したこの家がより革新的なメンテナンスの起爆剤とならなかったことに落胆した。「私は少し驚いている。建物にこれほど日常的にかかわっている人が、これほど日常的でないものを掃除するときに、一般的なや

図41a & 41b.　イラ・ベカとルイーズ・ルモワーヌ監督「コールハース・ハウスライフ」のスチール写真、2008年。

り方にこだわっているという事実に。もし自分が掃除するのだったら――これを私たちは考えておくべきだったのかもしれない――手作業が便利なところと、機械を使ったほうが便利なところの手順を容易に考えついただろうと思う。螺旋階段のような掃除しにくい特殊な場所に掃除機で立ち向かうのを見て、私は心底びっくりした。ばかげたことだ」[64]。これはおそらく、ヒッピー文化に大きな影響を与えた『全地球カタログ』（すでに廃刊）の創刊者スチュアート・ブランドが、「建物はどうすれば自らにとっての良好なメンテナンス習慣を教えられるだろうか」と考えたときに想定していたことではないだろう[65]。

ハウスキーパーのアセドは、ケアの担い手が国境をまたぐ、ケアのグローバルな連鎖のひとつであり、スタッフ宿舎で寝泊まりするため、自身の住居よりもこの家で多くの時間を割いている。さらに彼女は、この家の物理的なケアだけでなく、グラハムとスリフトの言う「家を取りまく、交渉された秩序」にも、つまり家に住むルモワーヌの家族や、家の存在に頼った周辺の観光業もケアしている。映画には家族の姿はあまり登場しないが、散らかった本の山や、よごれた食器など、存在の痕跡は見ることができる。ルモワーヌは建物の完成後まもなく亡くなり、機械中心のその家をありがたがる人はいなくなってしまった。コールハースは、《ニューヨーカー》誌のダニエル・ザレフスキーに、「あの昇降床は彼の不在を示す記念碑になった」と語っている[66]。家自体も記念碑であり、完成からわずか三年後にランドマークに指定された。だがアセドの掃除が保全の行為であるとすれば、この「我が道を行く」的な家は、ふつうのケアには抵抗するように見える。映画で強調されるコンクリート内部の劣化や漏水は、建物の終わりが迫っていることをうかがわせる。記念碑であっても最後には塵（ちり）となるのだ。

三　ひび割れ：物体の修理

ドキュメンタリー映画「コールハース・ハウスライフ」の雑巾やモップ、プール掃除用ネットには、ハウスキーパー、グアダルーペ・アセドの身体の一部となって、建物との交流を媒介する役割があった。だが、ルース・シュウォーツ・コーワンが指摘するように、家事労働はますます「利用者がつくることも仕組みを理解することもできない道具を使っておこなわれる」ようになっている。[67] 掃除機や洗濯機のようなメンテナンス用の道具は、それ自体のメンテナンスにしばしば専門的な技術を要する。オフィスでも同様で、コピー機の技術者やITスタッフの専門知識に頼りきっている。物が壊れたら、「補修、修理、修繕、復元、保全、クリーニング、リサイクル、保守」など、さまざまなアクションをとれるが、そこでは建築と同じように、「ケアできる余地や、ケアされやすさの度合い」がそれぞれに異なっている。[68] 一部の機器は使い捨てにするために設計されており、はじめから修理を考慮していないものがある。一方、モジュール式になっていてそれぞれにアップグレード可能なもの、あるいは、モップやバケツのように、時代を超えて受け継がれるものもある。ただし、物の寿命は状況にも左右される。画面のひび割れは、豊かな国では物の〝死〟と思われがちだが、別の国ではまだ充分使えるものと見なされたりする。

今日では、洗濯機や冷蔵庫を自分で修理する人はほとんどいないが、昔はそうではなかった。アメリカのランドグラント・カレッジ〔諸州が設立した、おもに生産者諸階級向けの国有地付与大学群〕は、技術習得や修理技術を重視したプログラムを含め、農作業や家事労働における実践的な訓練を長年、提供してきた。一九二九年には、アイオワ州立カレッジ（現アイオワ州立大学）が住宅設備専攻の学士課程を設け、女性はそこで、洗濯関連の化学と物理学、食品科学、育児学、家政学、家庭経済学、電気工学など、家庭生活を営んでいくうえの多彩な科目について学んだ。同カレッジは、一九四〇年代まで、対応する修士課程も提供していた。歴史家のエイミー・スー・ビックスによれば、学生には「機械の取得」が義務づけられた。修理の詳細を理解するために、機械を分解して、組み立て直す技術の取得[69]をめざした。こうした訓練は、「何もできない、か弱い女性ではなく、家事用品に自信をもってかかわり責任を負う、自立した主婦を育てる」ことを目的としていた。卒業生のなかには、カレッジで得た専門知識を活かして家電メーカーや電力会社に就職する者もいた。当時は、女性がこれらの機械をメンテナンスできれば、家庭を維持し、家族を育み、ひいては社会全体を支えることに役立つという前提があった。

その後、二〇世紀の中ごろになると、女性たちと居間にある家電製品とのかかわりは変わっていった。機械や電気機器の仕組み、設置や修理に関する技術的知識は、「家庭の外からもたらされるもの」になった。メディア専門家のリサ・パークスが説明するように、一般家庭を訪問するテレビの修理業者は、メンテナンスに関するジェンダーごとの役割を強化し、同時に大きな変動をもたらした。修理業者が家に入ることで、「家長の権威に揺らぎが生じ」、既婚者である主婦と夫ではない男性とのあいだに「目に見えない交流の機会」が生まれ、女性消費者が「テレビのより複雑な面と自身のやり方でかかわれる」ようになった。[70] 将来、フラットスクリーンやブラックボックス化されたセンサー、ホームOSとその先のクラウドにネットワーク接続された音声アシスタントなど、スマートテクノロジーが家庭内に行きわたるようになれば、機械とのかかわりは少なくなっていくだろう。故障が発生すれば、現地での修理作業員と遠隔地のセンターにいる技術者の両方が駆りだされる、システム全体の大がかりな診断が必要になるかもしれない（ひとつ注記しておくと、電話は長いあいだ、人間関係を維持する道具として使われており、オペレーターは客からどのような言い方をされても、一貫して「思いやり」という肯定的な感情を表現することが期待されていた）。[71] だが、そうした機械を動かすアルゴリズムや、その基本的な運用方針――たとえば、隣人を監視し、人種差別を意図してプロファイリングするスマートなドアフォン――は、ほとんどが修理不可能だ[72]。

壊れたノートパソコン、ルンバ、アレクサはどうなるだろうか？　フリーマーケットに行けばいまでも古いラジオや映写機を見つけることができるが、そこで中古のｉＰｈｏｎｅを見かけることはめったにない。テクノロジー製品のなかには、再生されて再販されるものもあれば、解体されてスクラップになるものもある。今日では、さまざまな分野の研究者が、電子廃棄物のその後の流れや社会・生態系への影響について考察する「廃棄物研究」に目を向けるようになった[73]。社会学者のジェナ・バレルは、二〇一二年の著書のなかで、ガーナの首都アクラにあるインターネットカフェについて書いている。そこでは、北米やヨーロッパの学校や職場で廃棄された古いコンピューターを使って、チャットやゲームを楽しんでいる。欧米のメディアはガーナを電子機器廃棄物処理という「影の産業」の中継拠点として描くことが多いが、ジェナ・バレルは、ガーナとそのディアスポラ系コミュニティ〔同じルーツをもつ人々が異なる地域に移住して共同体を形成したもの〕を、ワーカーが技術的スキルを身につける機会のある、起業家精神にあふれた、修理・改修と中古品取引のネットワークとして見ている。バレルによれば、テック界へのガーナの貢献は、新しい機器の設計ではなく、中古品の供給、修理、流通において「主体性と革新の機会を見いだす」ことにある。[74]
これらの機械がガーナのカフェや家庭で第二の機械人生を終えると、都市に運ばれ、スクラップ業者や廃棄物処理業者、取引業者（ほとんどが第一世代の移民）によって解体され、銅、アルミニウム、鉄、回路基板などが抽出される。このような変換プロセスは通常、都市の周縁地域〔一般の人々と社会的に疎外された人々との境界に位置する地域〕でおこなわれ、《ナショナル ジオグラフィック》誌スタイルのフォトエッセイでよく言及されるように、深刻な環境リスクおよび人体への健康リスクをもたらしている。解体された部品はその後、一部はガーナ国内で、一部はナイジェリアや中国へ向けて再配布され、新しい物へと組み立てられる。この、「流通、修理、廃棄の生態系」は、「欠乏が日常となっている場所での生活の事実」であるとバレルは論じる。[75]
パークスは、ザンビアのマチャの路上でおこなわれる修理のパフォーマンスを紹介している（図42 a & 42 b）。露店では、「修理は物の使用期間を延ばすだけでなく、社会交流の場」となっている。人が周りに集まり、見物し、雑談する。青空店舗は公共教育の空間であり、「公開手術室」でもある。修理技術者が機械を開け、技を披露し、観衆に、壊れたものを捨てるのではなく修理してみようという気にさせる。修理の共同性は一種の社会インフラであり、電話を修理することで、一時的に公共な場もつくりだしているのだ。[76]

図 42a & 42b.　ウィエナ・リンの展示シリーズである「Disassembly」（分解)。家電製品のライフサイクル、労働コスト、環境への影響を検証している。

このような知恵が息づいているのは開発途上国だけだとは思わないでほしい。スティーブン・ボンド、ケイトリン・デシルベイ、ジェームズ・ライアンといっしょに、タイプライターや工具から本や自転車まで、あらゆるものの修理店が並ぶイングランド南西部を旅してみよう。[77] あるいは、パリの地下鉄をジェローム・ドゥニとダビッド・ポンティーユとともに訪れることもできる。ふたりは、案内板の修理は、通勤客を適切な方向や出口に誘導することによって社会秩序を維持するだけでなく、「物的な秩序のプロセスや、物の日常的な寿命、それらを管理する人たちの役割について私たちに教えてくれる」と言う。地下鉄の案内板のような、あるいは、最近ありふれた光景になった巨大な液晶ディスプレイのような、ずっと変わらぬ姿だと思いこんでいたものが破損するという現実は、世界は壊れやすく、私たち全員がその世界に対してなんらかの責任を負っていることを思いださせる。私たちは、分散型メンテナンスのシステムに参加しているのだ。[78]

この責任——あるいは権利——は、消費者が自身の電子機器を「自分で修理する権利」をめぐる現在進行中の議論の中心にある。アイ・フィクス・イット社は、「ほぼすべての物の修理方法を教授する」会社だ。ユーザーは、ゲーム機から自動車、そのあいだにある大小さまざまな製品の修理手順が書かれたマニュアルをアップロードすることができる。[79] パークスは、このようなサイトが「技術的知識が社会を循環するのを促す一方で、修理を男性性と、つまり、秩序の回復や機械内部の暴露に夢中になる『男らしいヒーロー像』と結びつけるきらいもある」と指摘する。[80]〈リスタート・プロジェクト〉の哲学は少しちがう。[81]イギリスを拠点とするこの団体は、パーティーやポッドキャストを主催し、学校と協力して機械の修理方法を教えている。同じように、アメリカの一部の公共図書館では、「ユー・フィクス・イット」（あなたが修理する）クリニックや「リペア・カフェ」を開設しており、これは最近の図書館で増えている工作室の延長上にある。ブラジルでは、アーティストたちが拾った電子機器を改造したり、間に合わせの修理を施したりすることを「ガンビアラ〔ポルトガル語で「即興の解決策」〕」と呼ぶ。メディア専門家のジェニファー・ガブリスは、修理の倫理的・美的な要素を混ぜあわせ、「サルベージ」を社会が包含していくように提案する。彼女の言うサルベージとは、「使い尽くされ、廃棄されたものを、利用可能な資源に再生させる」ことを意味し、これにより計画的陳腐化の仕組みを止め、物の生産や使用の背後にあるストーリーを掘り起こし、「ほかの使い途の可能性」を想像することを意図している。[82]

電子廃棄物やサプライチェーンへの注目が高まった結果、欧米以外での即興修理の事例が、欧米で強い関心をもたれたり、改変して取りいれられたり、さらにはひたすら崇拝されたりするようになった。デザイナーやアーティストは、「形式張らない」」、「起業家的な」デザイン手法や、貧民街の「ブリコラージュ〔あり合わせの材料による器用な物づくり〕」や疎外された地域に住む人たちの「物づくり」文化に魅了されている。だがこれは、修理が理想化され、生きぬくための戦略が美化され、さらには、倹約が知性や道徳心の充実したかたちだと安易に再解釈されることにつながりかねない。欧米のデザインスタジオやワークショップは、山寨（シャンツァイ）〔中国語で模造品、コピー品の意味をもつ。反主流の気概として肯定的に使われる場合もある〕、ジュガード〔乏しい資源しかなくても創意工夫によって解決策を見つける、インドに根づいた精神〕、ガンビアラに注目し、ラスベガスから学んだようにそれらから「学ぼう」としている。[83] 修理が資本主義や植民地主義との共生関係にあるかのように見えるときもある。[84] ジンジャー・ノーランは、「第三世界のブリコラージュする人たち」の「変幻自在な能力」は、「経済的不安定を永続させ、しかも正当化する」ために利用されるおそれがあると論じる。[85] だからこそ、このようなメンテナンスの物語がいかに地理や規模を横断して広まるのか意識する必要があるし、民族誌的な知見や、道徳を盛りこんだ訓話、美的なひらめきやデザインのソリューションを求めて深掘りする際には用心が必要だ。

四　腐敗：コードとデータのクリーニング

多くの製造業者は、自社製品が修理や改造経済に流出しないよう努め、進化もしくは陳腐化のライフサイクルを注意深くコントロールしている。とくに、スマートフォン、ノートパソコン、家庭用プリンターにおいてこの姿勢が顕著で、まさにウェンディ・チャンの言うように「生きるも死ぬもアップデート次第」なのだ。[86] これまでの章で見てきたように、反応性（レスポンシブな）をもった建築物やネットワークで結ばれた都市の機能においても、プログラムコードはますます重要になっている。現代では、建築物や公共インフラをメンテナンスしていくには、基盤であるソフトウェアへの対応も必要とされ、テクノロジーがあふれる都市ではその費用がかさみつづけるだろう。業界に詳しいネイサン・エンスメンガーが、「一九六〇年代初期から現在に至るまで、ソフトウェアの保守コストはソフトウェア開発総額の五〇パーセントから七〇パーセントを占めている」と報告している。[87] テック業界では革新と破壊が話題の中心になるが、実際には、ほとんどのプログラマーが修理に忙殺されているのだ。

コンピューター史の専門家は、ハードウェアと社会インフラのメンテナンスは往々にして絡みあっていると言う。ブラッドリー・フィドラーとアンドリュー・ラッセルは、アメリカ国防総省高等研究計画局が資金を出して構築を進めた〈アーパネット〉が、最初期の「デモ」機能を超えて存続できたのは、「組織と技術を維持し結びつけるために尽力した、スポンサーと官僚と仲介役」によるメンテナンス作業のおかげだと述べている。エリザベス・ロッシュは、海軍研究局で計算機インフラのプランナーだったミーナ・リースの研究に注目する。リースは一九四〇年代から五〇年代にかけて、大学や研究機関で「ホーム評価」〔施設を実施し、主要な計算機ハブになるのに適した「資金、人員、設備、サプライチェーン、方針、社会的ダイナミクス」の組み合わせを有しているのはどの施設かを見きわめようとした。ロッシュは、「ミーナ・リースは脇役に徹することが多かったが、インフラを管理し修復していくには、行政上の機微に対する彼女の理解が不可欠だった」と述べている。[88]

ポール・エドワーズは、気候モデリングや軍事指揮統制プロジェクトなど、計算システムを使った大規模分析の先駆けとしてソフトウェアを全面的に導入した人物だ。彼の研究に触発されて、デイビッド・リベスとトーマス・フィンホールドは、大規模なサイバーインフラ・プロジェクトと、プロジェクトに付随するメンテナンスには不当に低い注目と称賛しか与えられない状況の検証に着手した。ふたりは、そういったシステムの設計者は、長期的な視野や持続可能性を踏まえた「長い現在」を計画しておく必要があり、「技術の刷新や、新たに生まれる標準規格、制度の不確実な変化や展開に直面したときに、そのインフラプロジェクトの有用性をどう確保していくのか、また当事者の継続的な関与をどのように確保できるのか」を問うておくべきだと主張する。言い換えれば、技術システムと、実践のためのコミュニティ、さらに、それらが支える大規模な研究事業を維持していかなければならないということだ。[89]

表向きはメンテナンスが自動化されていることになっている「スマート」なものも含め、建物や都市がみなそうであるように、ほとんどのソフトウェアアプリケーションとプラットフォーム、ポータルは、良好な動作をつねに見張っているメンテナンス担当者がいなければ、すぐに壊れてしまうだろう。システム管理者は、ガブリエラ・コールマンの言い方を借りると、「配管業者でありグラウンドキーパーでありニンジャであり、問題を修正し、システムを保守し、攻撃を防御」している。違法または不適切なコンテンツを監視するコンテンツモデレーターもいる。サラ・ロバーツによれば、この仕事は「ほぼつねに、比較的地位の低い労働者が担っており、彼らは低賃金で、名誉とは無縁の日の当たらない場所で、日々、ポルノや暴力、視聴者を不穏あるいは不快な気持ちにさせるおそれのあるコンテンツがないか注視している」。こういった仕事は消耗が激しいため、ほとんどの企業は契約労働者を雇う。インターネットに強く、英語を話せ、欧米の文化にもなじんでいるフィリピン人がかなりの割合を占める。ドキュメンタリー映画「コールハース・ハウスライフ」に登場したハウスキーパーのグアダルーペ・アセドのように、自らの穏やかな生活を犠牲にして、豊かなグローバル・ノースのインターネットを「クリーンで、健全で、職場でも安全に使える」状態にするために働いている。[90]

ほかに、オープンソースのコミュニティもある。多くのソフトウェアが、ボランティア開発者がメンテナンスする無料のパブリックコードを利用している。クリストファー・ケルティは、「オープン」であることには責任が伴うと述べている。「オープン」であるためには、「たんに『ソースコード』を共有するだけでなく、そのコンテンツが永続的にオープンであることを保証する方法も考案しなければならない。公開する者と使う者が情報の受け渡しに利用する媒体あるいはインフラのメンテナンスと改修しやすさの向上に専念する、公共性の高いコミュニティを絶えず用意しておく必要があるのだ」。だが、クリスチーナ・ダンバー＝ヘスターが指摘するように、こうしたコミュニティは多くのテック・コミュニティと同様にかなり同質化しており、これが彼らの「ケアの境界」、つまり政治的関心を注ぐ領域をどのように切り分けて優先順位づけするかを規定する際の制約となっている。[91] 予想どおり、この活動に対する資金的支援はほとんどなく、ボランティア要員は仕事量の多さにパンク寸前になっている。ナディア・エグバルがオープンソース・プロジェクトをメンテナンスする技術者やボランティア要員を調査したところ、「ストレスと疲労困憊」が蔓延していることがわかった。[92]

ここ数年、「サステイナー（維持者）」と名乗るグループが出現した。「広く頻繁に利用され、強い影響力をもつオープンソース・プロジェクトの脆弱な現状と将来を憂慮する」人たちの集まりであり、これまであまり注目されてこなかった活動を持続させるために、リアルで集まって会合をもち、互いに支えあい、コミュニティを強くするための提言を練りあげている。[93] 前述したメンテナンス・フェスティバルは、オープンソース・ソフトウェアにしろ、オンライン・コミュニティ、協同組合、データセットにしろ、これらのメンテナンスは自然環境やインフラ、産業、文化遺産、物的資源のメンテナンスとたいしてちがわないことを認識したうえで、物的およびデジタル世界の両方で「修復、管理、世話、保護、ケア」の意義を称えた。[94]

さらに私たちは、構造的な問題を「クリーンアップ」し、研究やマーケティングで使うデータセットを再フォーマットする「データ処理係（プロセッサー）やキュレーターのありがたみも認識すべきだ（図43&図44）。ジャン＝クリストフ・プランタンが社会科学データの保管所で民族誌学的な仕事を通して学んだように、データセットは「処理の終わりには、完全な状態に見えなければならない」。内部のメンテナンス作業は、「生（ロー）の」データを扱っていると思いたがるエンドユーザーには見えないようになっている。だが、「データはけっして生の状態で」来ることはないとプランタンは指摘する。「データを再利用するには、つねに幾層もの事前処理が必要だ[95]」

デジタル記録保管人（アーキビスト）のヒレル・アーノルドは、仕事についてまわる「不可視性の問題」を嘆く。アーキビストはしばしば、「自身の作業の痕跡を消し去」り、保存記録を利用する研

図43.　キャロライン・シンダーズ、「SNS絶縁コーディネーター」。ニューヨークの非営利コミュニティ〈ベイビーキャッスルズ〉にて、2015年。写真は本人提供。この2015年のパフォーマンスでは、シンダーズがセラピストの役を演じ、オンラインの世界における問題に人間とアルゴリズムの両面から介入する。

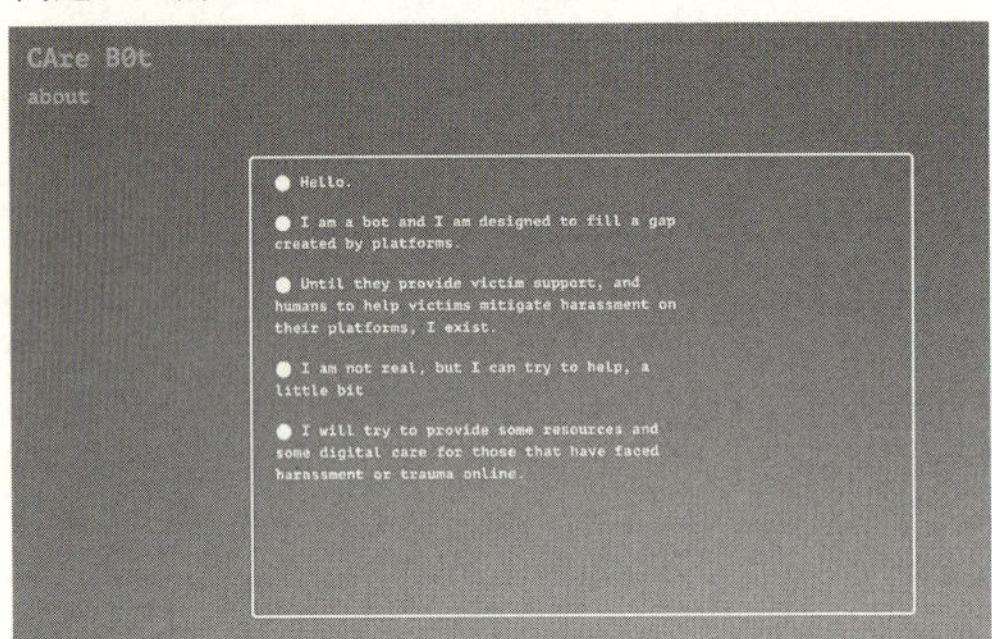

図44.　コムジ・ラボのキャロライン・シンダーズとアレックス・フェフェガが制作したCAreBot。アカデミー・シュロス・ゾリチュード（ドイツ）のウェブレジデンシー・プログラムにて、2019年。CAreBotは、図43の「SNS絶縁コーディネーター」の延長としてつくられた「敏感に状況を察知して介入するボット」であり、オンライン・ハラスメントを受けた人へのケアの自動化を提案している。

究者が「失われた」宝物を「発見」できるようにお膳立てする「救済者」として描かれる。だがその職業の「崇高さ」は一方で、アーキビストに少ない報酬での重労働を強いる。正規のワーカーではなく、臨時雇いや無給のインターンが多いのもそのせいだ。アーノルドは、メンテナーズの活動に触発され、アーキビストに対し、処理するデータコレクションや、自分自身、同僚、そして利用者を適切にケアするために必要な労働条件と資源を要求するようにうったえる。[96] これらは二〇一九年のメンテナーズ総会に出席した多くのアーキビストや図書館員のほか、サブグループ結成のために集まった情報専門家たちによっても提起されたテーマだ。彼らは、総会後に、「ケアの実践としての情報メンテナンス」について共同で執筆した白書を発表した。[97] 資金提供者のあいだにも徐々に理解が広まりつつある。全米人文科学基金（NEH）のデジタル・ヒューマニティーズ振興助成金は現在、「既存のデジタルプロジェクトの活性化・回復」を対象に含めており、スローン財団とフォード財団も、デジタルインフラを存続させるための新しい助成プログラムを用意している。[98]

図書館のデジタル資源にもメンテナンスが必要だ。「Broken-World Vocabularies」（壊れた世界の語彙）という論考のなかで、ダニエル・ラビンズとダイアン・ヒルマンは、テクノロジーの進歩につれてむずかしくなるメタデータの改良と調整について述べている。これには、図書館員が自館のコレクションを説明するために用いる書誌学的な語彙のメンテナンスも含まれる。「図書館の標準化委員会に参加したことのある人なら誰でも、ＭＡＲＣ（書誌情報の機械可読フォーマット）、ＲＤＡ（書誌情報を記述するための国際標準）、ＬＣＳＨ（図書館件名標目表）などを安定した状態に保つのがどれだけたいへんかを知っている。たいへんになる理由の一部は、妥協の積み重ねによって内部に不整合が生じたからであり、記述語彙を取りまく世界そのものがつねに分解され」、変化しているためでもある。科学は進歩し、新しい学問分野が生まれ、人間の自己認識への理解も変わっている。図書館員は外部世界を「修正」することはできない。安定させることもできないし、それを望むべきでもない。だが彼らは、利用者が世界をよりよく理解できるように、情報システムを粘り強くメンテナンスしている。[99]

データのメンテナンスは医療分野においてとくに重要であり、医療施設、医療機器、コミュニティ、データへのケアが患者ケアの重要な部分であると認識されてきた。デイビッド・リベスが説明するように、臨床試験には、機器の点検、データの洗浄（クリーニング）、標本とデータの保存、試験参加者の離脱防止、データ収集の場所やコミュニティ（生物群系（バイオーム）とも呼ばれる）の管理など、さまざまなメンテナンス活動が付随する。参加者は、とりわけ慢性疾患をもつ患者は、ローラ・フォルラーノが「壊れた身体思考」と呼ぶものをもつことがある。これは「複数の医療機器」――注入ポンプやセンサー、モニター、針、密閉容器（バイアル）など――を積極的に活用し、自分の一部としてとらえ、維持し、修復し、ケアする」という考え方だ。[100] では、これらにケアが行き届かないとしたら、どうなるだろうか？　ブリタニー・フィオレ＝ガートランドによれば、ＮＧＯ（非政府組織）が開発途上国でデジタルヘルス（情報技術を使った医療・公衆衛生）の野心的な新プロジェクトに資金を出すものの、その後、「スケールアップできない」という理由で放棄したり、「資金提供サイクルの終了とともにプロジェクトを燃え尽きさせる」ことがよくあると報告している。だが、本稼働前の予備的プロジェクトから参加した人たちは多くの場合、そのときに提供されたツールやサービスに依存しているので、それらが撤収されると、ケア提供者たちは不足を埋めようと即興で工夫するしかない。フィオレ＝ガートランドは、廃棄された技術の周りに出現する「組織構造」は「（使いつづけていけるように）修復され、再構築されなければならない」と述べている。[101]

これは反応的ケア、あるいは対症療法的なケアである。ベンジャミン・シムズは、より積極的な「予防的修復」モデルを提唱している。「モデリングとシミュレーション、制御された環境で不具合を誘発させ、調査、実験、テストなどにより、ある技術が社会に展開されるまえに、エンドユーザーに影響が及ぶまえに問題を修正する機会」を得るものだ。エンジニアは現在、人工知能を活用してインフラの不具合を予測し、防止している。高性能のコンピューターシステムや発電所、金融市場内で特異性を見つけだし、災厄を未然に防ぐよう先回りして行動する。予防医療や建造物メンテナンスのような分野では、注意深く管理されたデータが不可欠となる。〈メンテナーズ〉のブログでジェス・エラコットが提案しているように、修理の革新的な可能性を強調すること、つまり最先端の技術によってメンテナンスを向上させられるという事実を強調することが、社会において「メンテナーをどのように見て、価値を置き、報いるかの仕組みを変える」可能性がある。[102]

そうかもしれない。だが、修理ロボットの大群（長年のSF的夢だ）やメンテナンスAIを開発したとしても、そのハードウェアとソフトウェアを維持する作業はやはり必要だ。どちらも、よく整備された相互運用可能な技術インフラがなければ動かない。製造のための無菌状態を維持するにはクリーニングスタッフ――「産業衛生技師」――が必要だ。[103] データの清掃を担うキュレーターや、修理ロボット集団を監督するスーパーバイザーも要る。メンテナンスには人の労働力が欠かせない。

ジェイ・オーエンズは私たちに思いださせる。「埃は出る。つねに埃が出る。時間と物質と腐敗はつねに存在する。分解も損傷も避けられない。人体には分泌物やよごれ、剝がれおちた欠片がつねにある。廃棄物はつねに存在し、つねに処理が必要である。その廃棄物を自分たちの視界から消えるようにと遠くの開発途上国へ送りこんだとしても、この作業が必要である事実は変わらない（きたなく、危険で、多大な労力を必要とする）」。[104] 溝掘りやダム建設であろうと、あるいはデータ解析であろうと同様だ。場所のメンテナンスでも、身体や物体のメンテナンスでも、サプライチェーン、器具・機器類、進め方の取り決め、社会インフラ、環境条件など、生態系全体のメンテナンスが必要になる。

この問題のスケールや切り口はさまざまだが、いずれにしても、次の三つの不変の真理から遠ざかることはない。（1）メンテナーにもケアが必要である、（2）ケアの活動にもメンテナンスが必要である、（3）実践のちがいは、人種やジェンダー、階級、その他の政治的・経済的・文化的な力によってかたちづくられる。インフラのメンテナンスを誰が組織し、誰が遂行するのか。家庭内でケアを受けるのは誰か、誰がその人に気を配り、世話を焼くのか。個人やコミュニティ、都市、さらには生態系全体などさまざまなスケールで義務のバランスをどうとればよいか。何が修理に値するのか、そして「適切な修理」とは何かについての合意は、つねにそのときの状況に左右される。もし、世界のメンテナーたちの仕事をよりよくサポートしたいのなら、メンテナンスにはさまざまな基準、ツール、慣習、知恵が内包されていることをまず認識しなければならない。あるときには機械学習がかかわるだろうし、モップを使う場合もあるだろう。

終章
プラットフォームと接ぎ木と樹上の知性

二〇一九年三月、アメリカ史上最大規模の民間不動産開発プロジェクトである〈ハドソン・ヤード〉がマンハッタンの最西端で一般公開された(図45)。計画の第二期が完了すれば、総工費二五〇億ドルのこのプロジェクトでは、商業施設や住宅、公共施設など一八〇〇万平方フィート(約一六八万平方メートル)のスペースがニューヨーク市に追加されることになり、その多くは、スキッドモア・オーウィングズ・アンド・メリル、ディラー・スコフィディオ+レンフロ、コーン・ペダーセン・フォックス、トーマス・ヘザーウィックといった著名建築家・建築事務所による特徴的な建築物に収容される。上に向かって細くなっているタワーだけでなく、互いに寄りかかったり、てっぺんが切り落とされていて帽子を傾けて挨拶しているように見えたり、なめらかな曲線で外壁の鋭角を柔らかく表現したりしているタワーもある。これらの建築群は全体として、輝かしい勇壮さを体現しており、この複合施設にふさわしいムードを醸しだしている。ブラックロック、ボストン・コンサルティング・グループ、アーンスト・アンド・ヤング、ファイザー各社はここにオフィスを構えている。さら

図45.　ハドソン・ヤードの一風景。右手に建築会社 KPF の 55 ハドソン・ヤード、中央にトーマス・ヘザーウィックの大型彫刻ベッセルが見える。2020年11月。

に、CNN、コグニザント（テック・サービス企業）、フェイスブック、HBO（衛星・ケーブルテレビ放送局）、マーケットアクセス（フィンテック企業）、SAP（ソフトウエア企業）、シルバーレイク（テック投資会社）、ヴェイナメディア（SNSマーケティング）、ワーナーメディアなど、さまざまなメディア企業およびテック企業もこの地区に拠点を置く。二〇一九年末に、フェイスブックは一五〇万平方フィート（約一四万平方メートル）の床面積拡張を発表し、アマゾンは10番街410番地の三三万五〇〇〇平方フィート（約三万一一〇〇平方メートル）のリース契約に署名した。[1]

デジタル資本と接続性のこの新たな結節地は、昔から人の流れのハブだった。ハドソン川のドック、アムトラックとニュージャージー・トランジットのトンネル、リンカーントンネルへの入口、グレイハウンドのバスターミナル、ジェイコブ・K・ジャビッツ・コンベンションセンター、そして近年では、あらゆる方向に向かう〈メガバス〉の待ち行列が歩道にできている。景観は荒涼としているものの熱気あるインフラのこの地域は、一〇〇年近くにわたり、修復をうながしつつ、一方で遠ざけようとしてきた。開発業者、政治家、技術者は過去五〇年以上、開発の景観をととのえようとさまざまな形態の接ぎ木を繰りかえしてきた。

まず一九七〇年代はじめに、のちにエンパイア・ステート開発公社とニューヨーク州都市交通局（MTA）の会長を務めることになるリチャード・ラビッチが、MTAのケンメラー・ハドソン・レールヤード（地下にあるロングアイランド鉄道の二六エーカー［一〇・五ヘクタール］の車両基地）に眠る可能性に気づき、線路のうえにデッキを支える柱の建設を命じた。人類学者のジュリアン・ブラッシュは、「輸送機能を損なうことなくレールヤードの上に建設可能だとひとたびわかったら」——本書の言い方では接ぎ木できるとわかったら——「すぐに開発計画が現れた」と述べている。[2] ほとんどの提案は市や地域計画協会、地元住民からの反対に遭い、必要な資金を確保できなかったために、失敗に終わった。だがこのプロジェクトは、ブルームバーグ市長と副市長のダニエル・ドクトロフ（第二章で〈サイドウォーク・ラボ〉社のCEOとして登場している）という熱心な支持者を見つけた。

ブラッシュによると、この「ブルームバーグ流」都市開発にはふたつの狙いがあった。ひとつは、市長をCEO、市を「統一された企業体」、つまりブランドとしてとらえる「企業都市」にすること、もうひとつは、市をエリート主義で実力主義な場にそびえる「高級品」にすることだ。ハドソン・ヤードは両方の特徴を体現していた。対照的に市の図書館はどちらとも無縁だったため、結果として、ブルームバーグ体制下では何年にもわたって大幅な予算カットに直面した。[3] その後、ハドソン・ヤードの開発業者である〈リレーテッド・カンパニーズ〉は、市上層部の後押しを得て、EB-5（苦境にある農村地域や都市部で雇用を創出する事業に投資する移民への優遇ビザプログラム）をつうじて六億ドルの融資を獲得する。ウェスト・チェルシーを含み、幾百ものアートギャラリー、人気のハイライン公園、高級住宅が並ぶマンハッタン南部は明らかに「雇用機会創出特区」の基準を満たしていないが、クリストン・キャップスが《ニューヨーク・タイムズ》紙に寄稿したように、「州は、高級住宅街であるウェストサイドを地図上で操作し、セントラル・ハーレムとイースト・ハーレムの公営住宅計画と結びつけることで、ハドソン・ヤードが指定を受けられるようにした」。[4] 地図の操作と「投資と引き換えにグリーンカード付与」プログラムを、民間開発に対する各種の公的支援――ハドソン・ヤードに7号線を延伸するための二四億ドル、公園整備に一二億ドルなど――と組みあわせると、そこにさまざまな形態の接ぎ木が生まれる。

図46.　ハドソン・ヤードに北西部から近づくと、その下に広がるインフラ空間が目に入り、開発プロジェクトがプラットフォームであることがわかる。

開発業者や公益事業推進者は、別の比喩「タブラ・ラサ」〔〝文字の消された石版〟の意味〕のほうを好んで使った。彼らは、未来の都市をまっさらな石版、比喩としても文字どおりでも「プラットフォーム」の上に築きあげようとした。第三章で見たとおり、このプラットフォームという概念は、舞台裏での策謀や、埋もれた歴史、根底にあるイデオロギーを都合よくあいまいにすることができる（図46）。私が二〇一六年に書いたように、ハドソン・ヤードは複数種の「スマートさ」を体現するように設計されていた――プラットフォームのデザインは数々の高度なエンジニアリング技術の賜物であり、電力と熱を同時に発生する「コジェネレーション・プラント」や、地域・建物などの小規模な範囲内でエネルギーの供給と管理を効率よくおこなう「スマートマイクログリッド」を組みこみ、高速で信頼性の高い接続性を約束した。さまざまな取引や合意が積み重ねられたものであり、新しい都市情報技術やデータ駆動型効率性の試験場になるだろうと考えられていた。プロジェクトが正式に始動する三年前に〈サイドウォーク・ラボ〉が五二階建ての10ハドソン・ヤードに本社を置いたのは偶然ではない。おそらく、同地区の開発のある種の管制センターとしての役割があったのだろう。

二〇一七年と二〇一八年、私は学生とともに〈サイドウォーク・ラボ〉へ見学に行った。二六階からの眺めを楽しんでいると、複数の街で公衆電話ボックスに置き換わっていた「リンク」という公衆情報・Wi-Fiキオスクの担当企業で、サイドウォークと提携しているインターセクション社の代表が、眼下に広がる地域全体の「デジタル・マスタープラン」の作成にかかわっていると話しかけてくれた。案内係のひとりが、学生たちが手にしうる未来の情景を描いてみせた。「想像してみてください。あなたは高級マンションから出て、待機しているウーバーのほうに歩きだします。そこへドローンが空から降りてきて、アイス・アメリカーノをあなたの手に渡します」。これは一流のテックチームがデザインしていた、さりげないが贅沢な利便性とシームレスな接続性を謳歌する都市生活だ——私たちの好みを知り、欲求を先読みし、それらを叶えるように自然に調整していく世界だった。[5]

地面そのものも聡明になりうる。ハドソン・ヤードの景観デザインを担当したネルソン・

バード・ウォルツ社は、パイン・アンド・スワロー社の土壌科学者たちと開発した「スマートソイル」についてこう説明する。「(スマートソイルとは)砂をベースとした構造用土壌に栄養分、堆肥、腐葉土のほか、地衣類、菌類、藻類などの生物資材を加えたもの」で、浅い土壌のなかでも(ハドソン・ヤードの「プラットフォーム」はプランターとしては適さない)植物の根が横に伸びることができ、同時に、六万ガロン(二二七キロリットル)の貯蔵タンクに雨水を効率よく排水する。[6] 一方、ジェットエンジン並みのパワーをもったファンや、冷媒のグリコールと冷却した水を循環させる管のネットワークが設置され、地下を走る列車の熱から敷地および植栽を保護している。これらは、根付きのない土壌に生命を接ぎ木し、人工的な景観をケアするために必要な措置なのだ。

二〇一九年三月一五日のテープカットの日、私はシアトルで開催されたカンファレンスで5Gテクノロジーの虚偽の約束について講演していたのでハドソン・ヤードには行けなかったが、開業数日後にこの新しい開発地区に立ち寄った。7号線からエスカレーターであがると、さまざまな建築物が合体した、無機質でピカピカ光る世界が広がっていた。「設計士とプランナーによって意図的につくられた」ハドソン・ヤードには「整然とした秩序への渇望」が色濃く反映され、クリストファー・アレグザンダーの言うツリー都市の典型と言える。[7]

その圧倒的なスケールとまぶしいほどの輝きは、考えぬいたうえで丹念に植えられた本物の樹木ですら、ほとんど目立たなくさせていた。代わりに私は、空間のほうが私たちを監視しているような感覚を覚えた。数カ月後、学部生を連れてハドソン・ヤードの巨大な文化施設〈ザ・シェッド〉で「監視」をテーマにした展示を見学した際、学生たちは（監視者を見つけるように仕向けられていたせいかもしれないが）、このエリアを全方位監視刑務所（パノプティコン）そのものと表現した。彼らはその年に勃発していた論争についても言及した。論争というのは、〈リレーテッド・カンパニーズ〉が、トーマス・ヘザーウィック作の入り組んだ階段状のパブリックアート作品「ベッセル」（酷評されている）の写ったソーシャルメディアの投稿を使用する権利が自社にあると主張したことだ。[8] この場所では人間と機械の目がつねに見張っており、データが収集され、商品化される。

だが、開発業者が実施したデータ駆動型の効率化のうち、成果がはっきり現れたものはあまり多くない。たしかに、エネルギーコントロールセンターという制御室があり、生体認証セキュリティシステムやコンシェルジュサービスのための拠点、住民向けの便利なアプリなど、さまざまなスマートビルディング技術は導入されている。開発にかかわった、〈リレーテッド〉のジェイ・クロスは、ハドソン・ヤードの開業直前、《メトロポリス》誌のエミリー・ノンコ記者に語っている。「ビッグデータにはおそらく最後に取り組むことになるだろう。そういった世界になるにはまだ何年もかかる」[9]。悲しいことに（もちろん皮肉だが）、コーヒー配達ドローンの世界はまだ到来していない。もしかしたら、到来しないのかもしれない。二〇二〇年の世界の混乱を踏まえて、開発チームはそれまで効率や個人の利便性向上のために活用していた最先端テクノロジーを、「公衆衛生」や「公共の安全」のほうへシフトしようとしているように見える。ただしこういった分野での技術的解決策は、第一章で述べたように、過去に繰りかえされてきた不正義を強化することが往々にしてあるため、細心の注意が必要だ。

そうした注意が払われることに私はほとんど希望をもてないでいる。ジェイ・クロスは不動産専門の《リアル・ディール》誌に、センサーやカメラや監視拠点を介して収集したものはすべて「ハドソン・ヤードをよりよくする目的で使う、われわれのデータだ。われわれはそのデータを好きなように利用できる」と述べている。これはつまり、ドローンにエスプレッソを配達させたり、立ち退き通知書を届けさせたり、さらには顔認証技術を搭載したドローンを飛ばして、デモ参加者や不法移民を追跡したりする可能性までを示唆しているということだ[10]。このような可能性が浮上するのは、公共インフラが、公的責任を最小限しか負わない民間企業によって建設および運営され、技術中心のソリューションばかりに気をとられる政府機関というクライアントによって監督される場合だ。第二章で述べたように、トロントの多くの人がこの点を懸念している。ウェスタンヤードが完成するときには、ぜひそこに公共図書館を設けてほしい。利用者が自身のデータを利用されることについて批判的に考える術を学んだり、最適化以外の目的で利用できるデータセットを自分たちで作成したり、監視に抵抗する手法をととのえたり、デジタルの公平性とデータの正義のために公共インフラがいかに重要かを議論したりするのに役立つはずだ。そして、利用者の立つプラットフォームに組みこまれ、埋もれている無数の知性――エンジニアリング、園芸学、鳥類学、海洋科学、以前にこの土地に住んでいた船員や荷役作業員、トンネル作業員、先住民であるレナペ族の人たちの歴史的知識――を学べるよう願っている。

樹上の知性

パンデミックのあいだも私は定期的にハドソン・ヤードを訪れた。地下鉄の駅からあふれ出る通勤客、ベッセルに登る観光客〔二〇二三年末時点では閉鎖中だが、開放されていた時期もある〕、セキュリティゲートを通過するオフィスワーカー、高級インドアサイクリングジム〈ソウルサイクル〉に向かう、スポーツウェアブランド〈ルルレモン〉のレギンス姿の女性たちが消えた空間の雰囲気がどうなっているかを見たかったからだ。ハドソン・ヤードが一周年を迎えるころには、ニューヨークはすでにロックダウンの状態だった。この開発プロジ

図47. 木々のあいだから見えるハドソン・ヤードのタワー。

エクトの成り立ちの根幹にあり、つねにプロジェクトと絡みあっていた商談とか駆け引きとかが失われたために、この新興地区で最も生き生きとして人目を引く住人は突如として鳥と木々になった（図47）。鳥と木々はもともと、そこの土地が根を下ろし、繁栄していくのを妨げているように見える無機質で人工的な景観を隠すために置かれた。だが、資本主義的な時間のリズム――長時間労働、季節ごとのファッション、バイクエクササイズ、高級なディナー――が広場から消えたとき、突然、カバノキやハナズオウ、ポプラ、チョークチェリー、アカスギ、ハナミズギ、トネリコ、ヒマラヤスギが目に入るようになった。私は、詩の世界を思わせる、初めて見る多くの植物に出合った――クロミズキ、ケンタッキーコーヒーツリー、シデ、アメリカアサガラ、ザイフリボク。それらはどれも、時計やカレンダーやコンピューター機器からは得られない、生の環境データのかたちを教えてくれた。[11]

ガラスと鉄でできた、いまは凍りついたように静かになった住処でゆっくりと流れる時間を刻んでいた。

世界各地の都市の建築様式は、パンデミック時でもほぼ変わらなかったが、葉の色鮮やかさと密度の濃さ、花の色の移り変わりは、人を季節の時間のなかに位置づけた。庭のない住宅に住む人でも、窓の外に見えるノルウェーカエデやマメナシとつねに触れあい、許可された数少ない外出先として都市公園に赴くことで、日常にメリハリをつけた。[12] 多くの外出自粛者やテレワーカー、自宅学習者が、花の時間に時計を合わせるようになった。彼らは、都市の緑地空間を、自らの知性を超えた、また自らの精神的・身体的な健康に欠かせない知性を体現する豊かな生態系として認識するようになった。

接ぎ木された有機体に宿る知恵よりもプラットフォーム建築者の知識のほうを優先しているように見えるハドソン・ヤードでもこれは同様だ。景観デザインを担当したネルソン・バード・ウォルツ社のトーマス・ウォルツが説明するように、「スマートソイル」は思いつきを適当にブランディング化したものではない。土(ソイル)は「栄養を届け、水を蓄え、植物間のコミュニケーションネットワークを形成」するものであり、このような、プラットフォーム建築者の知識と有機的な存在に備わった知恵が併存するモデルは、環境正義と社会正義の関係を考えるための知識論的・倫理的枠組みを提供してくれる。[13] 科学技術および社会科学をフェミニズムの視点も加味して研究するマリア・プイグ・デ・ラ・ベジャカサも、土を「生産主義」の枠組み——人間の利益のためにいかに土壌の生産効率を高めるかや、土壌の収益性をいかに最適化するかなど——の外で考えるべきだと論じる。このような考え方によって、「生態系が人間にもたらしうる利益よりも、生態系の将来性そのものにかかわる関係の維持」のほうへと注目が向けられるようになる。[14]

ウォルツは、自社がヒューストンでおこなったプロジェクトを例として挙げている。ヒューストンでは長年にわたる旱魃（かんばつ）のせいで樹冠の成長に大きな被害を受けた。地域住民の参加と専門家の支援のもとでの修復デザイン作業の一環として、ウォルツのチームが土壌サンプルを採取したところ、灰の痕跡が見つかった。草原が舗装されるよりもはるか昔、一帯に住んでいたカランカワ族が焼却を生活に取りいれていた跡だった。理想的なのは、設計チームが先住民も含めたこの地固有の情報を土壌科学者や生態学者の専門知識に——さらに地域住民の記憶や経験や願望にも——接ぎ木して、現在のコミュニティ、移住を余儀なくされたコミュニティ、動植物相、そして土壌そのものにとってどのように景観をデザインするのがベストなのかを吟味することだ。このような取り組みを補完するものとして、充分な支援を受けた公共図書館や、さまざまなコミュニティの知識実践を反映した自治体の堅牢なアーカイブがおおいに力になるだろうし、さらには地元のデータや原資料のコレクションを構築し、このプロジェクトや他の設計・保全プロジェクトに役立てることも考えられる（有毒なスーパーファンド・サイト〔環境保護庁が管理する土壌および地下水の汚染対策プログラムが適用されている地区〕を抱える、第三章で触れた、ブルックリンのグリーンポイント・ライブラリ・環境教育センターが新たにそうした役割を果たすところが想像できる）。

第一章の最後で取りあげたリディア・ジェサップのプロジェクトは、生態系への感性を高める没入型インタフェースのデザイン方法を想起させる。ジェサップは、都市の庭園で植物、土、水のあいだにある「気づかれにくい流れ」をモデル化しようとしている。アナ・チン、ジェニファー・ディガー、アルダー・ケレマン・サクセナ、フェイフェイ・チョウによる双方向性型の「フェラル・アトラス」（野生化した地図）は、その範囲を拡大し、「人間以外の存在が人間のつくったインフラプロジェクトと結びつくことで生じる生態系の世界」を探究している。[15]一〇〇人近い学者やアーティストと協力し、ビニール袋、ニレ立枯病、ネズミ、バナナの殺菌剤など、さまざまな要素の絡み合いを地図化している。この取り組みは、一種の「反」ダッシュボード、あるいは「野生の」ダッシュボードであり、特定のニッチなトピックに専門家のガイドによって深く潜りこむことができ、一方で、意図的かつ生産的なやり方で展開される巨大な規模と範囲が見る者を圧倒する。グラフィックもテキストも、印象派的な動画も、一瞬の場面を切りとって見せるためのものではなく、限定されたフレーム——

細かい断片に分割して表現したスキャン結果、簡略化した地図など――では、私たちが生きているこの人類世界の複雑さをとらえきれないことを示している。リディア・ジェサップやアナ・チンが使っているようなツールには、従来のダッシュボードほどの道具としての実用性はない。その価値は、都市の世界を設計し、管理し、メンテナンスしていくうえで何が重要かを理解し、その作業に役立つ、また役立てるべき知識の獲得方法やさまざまな形式の知性を認識するのを助けるところにある。

二〇二〇年後半、グーグルは「ツリーキャノピー・ラボ」というツールをリリースした。人工知能を使って人口密度や土地利用、熱波リスクに関する航空画像や公開データを調査し、ロサンゼルスをはじめとした都市の樹冠面積を推計する。このように可視化された情報は、二酸化炭素排出量の削減、大気の質の改善、都市の「ヒートアイランド現象」の緩和、ひいては公衆衛生の向上につながる植林活動に広く役立つと期待されている。[16] ジャスティン・カルマがテック系ニュースサイト〈ヴァージ〉で報じたように、「(ツリーキャノピー・ラボを見れば)ロサンゼルスで最も熱波リスクの高い地域は、人口密度が高く、樹木のカバー率が低い傾向にあることがわかる。熱中症やそれに起因する死亡のリスクが最も高い場所は基本的に、それを軽減するための資源が最も少ない」場所なのだ。[17] 同じころ、非営利の自然保護団体「アメリカン・フォレスト」はマイクロソフトと提携し、既存の樹冠面積、人口密度、所得、人種、年齢、地表温度、雇用状況などのデータをつなぎあわせ、樹木のあるなしが人種問題や社会経済格差にどのように影響しているかを把握する「Tree Equity Score」（樹木公平性スコア）を開発した。[18]このスコアは一から一〇〇までの範囲があり、地図ダッシュボードに色分けして表示される。これを見た地域社会は必要な取り組みを確認でき、今後の植樹計画に活かすことができる。

このようなアプローチは、第一章で取りあげたCOVID-19の際の「ホットスポッティング」戦略によく似ている。社会学者のルハ・ベンジャミンは、標的を絞ったこのようなアプローチは、往々にして人種プロファイリングの論理を強化し、住民を――この場合は近隣地域を――「汚名を着せるカテゴリ」に固定化すると警告している。[19]ホイットニー・パートルが説明するように、ひとつの変数だけに焦点を絞った手法は、不公平を生む要因となる「予測しづらい」複合的な力を見落とす傾向がある。パンデミック時のデトロイトで「アフリカ系住民の死亡率の高さ」に影響する要因として彼女の挙げたリストを思いだしてみよう。「人種差別と資本主義が相まって害のある社会状況をつくりあげている。COVID-19の疾患において不平等が生じるのは、人種差別と資本主義が絡みあって（a）COVID-19に併発して健康状態を悪化させる複数の疾患を形成する、（b）人種による住居の分離や、ホームレス、医学的偏見などの、有色人種や貧困層の健康リスク因子を悪化させる、（c）

リスクを最小化し、疾病の重大化を最小限に抑えることに活用できる医療知識や自由など柔軟な資源へのアクセスが左右される、（d）過去のパンデミックでも見られた不平等のパターンが繰りかえされる、といった理由からだ[20]」。

もし、樹冠面積についても同様の「野生の地図帳」を作成したらどうなるだろうか。サム・ブロッホは、わたしの気に入りの小論――二〇一九年に、偶然にも《プレイス・ジャーナル》に掲載された――のなかで、日陰の文化史を述べている。日陰は公共資源であり、インフラの一種であり、ケアのための装置であり、公平な分配が必要であると唱える。だが、現在の日陰の不公平を是正するには、たんに樹木の数を数え、地図をつくり、点数をつけるだけでは足りない。樹木とその日陰は文化的価値観、政治、歴史によってかたちづくられている。その小論からロサンゼルスに関する記述を引いてみよう。「ロサンゼルスは開放的な空気と日光を好む低層階建ての都市だ。住民は、眺望をさえぎったりサンデッキを暗くしたりする高層ビル建設に抗議するために都市計画会議に詰めかけ、警察は、犯罪多発地域の住民に対し、麻薬取引や売買春を隠す木を切り倒すように勧告する。公園からは、たむろや縄張り争いを防ぐために、日陰をつくる樹木が切られ、道路沿いからも、広い車線と見通しのよさを確保するためにやはり木が排除される。ロサンゼルスの多くの地域では葉をすりぬけたやわらかな日差しは稀少なのだ。この現象の根幹には、影とスポットライトへの文化的執着があるのかもしれない。長い影や暗い角が犯罪のはびこる裏社会を象徴するハリウッドのノワールから、現代の監視社会の政治まで、その線引きは続いている。光は暗闇に隠れたものを明らかにする」[21]。日陰そのものが長い歴史的な影を落としており、その根は政治文化と絡みあっている。

さらに、この植物由来のインフラがいかに建築や景観や都市デザインの歴史と交差するのかについても考えなければならない。「ランチョ〔スペイン植民地時代の大規模な農場〕スタイルの家々には、夏でも過ごしやすい寝台つきのベランダがあり、木陰が多く、建物は室内を涼しく保つことのできる方向に配置されている」とブロッホは書いている。「ロサンゼルスの初期の集落はおおむねインディアス法に従っていた。これは通りを四五度の角度で配置するよう求めた王室命令であり、冬には日差しが、夏には日陰がなるべく多くなるように意図したものだった。スペイン式のアドベ建築〔砂や藁などの天然素材を材料とする〕は、日除けや植物で暑さをやわらげる中庭を中心に建てられた」。次に、政策、予算、調達、メンテナンスに関する行政上の決定を加えてみよう。ロサンゼルスで最もありふれていて街を象徴する木、ワシントンヤシモドキ（メキシカンファンパーム、ヤシの木の一種）は、日陰をつくる目的にはあまり役に立たないが、いつしかハリウッドの華やかさのシンボルとして見られるようになった。一九三〇年代、市はこのヤシの木を、新しい道路や拡張したばかりの道路沿いに何万本も植えた。「自動車と並んだときの景観に最適な木だった」とブロッホは指摘する。市の林務担当職員L・グレン・ホールは、人通りの多い主要道路には背の高いヤシの木を、脇道にはニレ、マツ、レッドメイプル、モミジバフウ、トネリコ、プラタナスを植えることに決めた。「大恐慌時代の景気刺激策によって、四〇〇〇人を六カ月間雇うだけの充分な資金が確保できた。だが、林務の部署は水やりやメンテナンスの費用を敷地・建物の所有者に負担させ、やがて、新しい植穴を掘る費用も請求するようになった。所有者たちはこれを無視した」。そこでホールは、ロサンゼルスの二八の大通りを指定し、五年間のメンテナンス費用を市が負担することにした。このときの決定が、今日まで続く樹冠面積と日陰の確保につながった。ただしメンテナンスの手間が、この地形に変更を加える可能性を制限しつづけている。樹木医のアーロン・トーマスがブロッホに語っている。「市は、幅が五フィート（約一・五メートル）に満たない遊歩道に大きな木を植えるのを許可しない。根が歩道をゆがめたり、地下施設を破壊したりするおそれがあるからだ。結果的に、多くの貧しい地域では日陰が増えない」

まさに「野生の地図帳」だ。「影」を落とす樹木のある風景として都市を読み解くところを想像してみよう。前述したように、さまざまな植物が時間や季節の流れを示すだけでなく環境データとして機能し、人種差別や階級差別の歴史を符号化し、他の種や環境条件との相互作用のゾーンをマークし、政策や資金供出の決定を索引づけし、都市と環境と社会の変化を保管し、さまざまな意味で「影」を投げかける。だがブロッホの報告によれば、助成金を受けて植樹を担当する非営利団体はいまだに、カリフォルニア州が開発した環境格差評価ダッシュボードの〈カル・エンバイロスクリーン〉を使用している。これはグーグルやアメリカン・フォレストのツールのように、人口統計データと環境データを統合し、汚染の影響を不釣り合いに大きく受けている地域や、植樹を必要としている地域を特定するものだ。他のダッシュボードと同様、複雑な問題をデータに基づいて地図上にわかりやすく示し、ピンポイントでの解決策を提案するが、結局のところ、ある程度の不公平さが見つかれば、ある程度の植樹がおこなわれる状況にとどまっている。

木々はさまざまな問題の解決策としてとりわけ魅力的であり、気候変動と戦う手段として「一兆本の木を植えようキャンペーン」などの取り組みが人気を博している。木を植えることは、社会全体の消費習慣を変えたり、化石燃料をなくしたりすることよりもはるかに簡単だ。しかも、生成的な設計ダッシュボードを使えば、どこに植えればいいかを正確に教えてくれる。テッド・ウィリアムズがオンラインニュースの〈スレート〉誌に書いている。「植樹が地球を救う万能薬になるという考えは、地球を汚している企業だけでなく各国の統治機関にも人気があり、そこから『カーボンオフセット市場』が生まれた[22]」。データ駆動型の精密な植樹だけを見れば、それは技術と植物を組みあわせて問題解決を図ろうとする取り組みの一形態と言える。グーグルやフェイスブック、アマゾンなどの大企業が木々と持続可能性に関心を寄せるのは、資源の採取量もエネルギー消費量も巨大な彼らの事業形態をグリーンウォッシュする機会でもあるからだ。[23]

データ駆動型の植樹はとくに魅力的に映るとはいえ、これまで四つの章で見てきたデータ駆動型の都市計画のひとつにすぎない。だが、このようなコンピューターによるアプローチを、「都市はコンピューターでありプラットフォームである」「都市は肉体であり機械である」「都市は木々であり生態系である」など別のタイプの知識やとらえ方、別の比喩に接ぎ木することで、差し迫った都市の課題に対する、より強靭な対応策を培うことができるだろう。ブロッホは、不公平につくられる日陰に対しての体系的な修復戦略を考えている。「ロサンゼルスが、日陰を生みだす総合的なプログラムと、道路整備計画とを一体化させたらどうなるだろう。具体的には、歩道を広げ、電線を地下に埋設し、より大きな植穴を掘り、葉が多く乾燥に強い木々を植え、アーケードや屋根つき通路やバス待合所のためのスペースを確保する、などが考えられる」。このようなシナリオは、エネルギー、交通、アクセシビリティ、公衆衛生が絡みあっていることをよく踏まえている。だが、それにとどまらず、地域社会の関与や公教育、都市景観を、地域社会の知識の産物であると同時にそのための台木であると認識すれば、このシナリオはさらによくなるだろう。もし、社会インフラや知識インフラを、技術および建築のインフラに接ぎ木したら、また、そうした構造の公共デザインや所有者意識、メンテナンスを尊重するとしたら、社会はどうなるだろうか。効率性よりも人種問題の正義や環境正義、デジタル正義を重要視する都市の台木を育成したら、また、知識論的多元性から栄養を汲みとり、計算ロジックを野生の知性、感覚体験、地元の知識と融合させるとしたら、どうなるだろうか。都市の木々や彫像、意思疎通とアーカイブ、弱い立場のコミュニティ、そして人間以外の種に備わった知恵を認め、尊重するようにつくられた都市は、どんなスーパーコンピューターよりもはるかに賢いのである。

解説　都市をつくりだす複数の知性

松村圭一郎（文化人類学者）

本書は、シャノン・マターンが二〇二一年にプリンストン大学出版会（Princeton University Press）より刊行した *A City Is Not a Computer: Other Urban Intelligences*（『都市はコンピューターではない　そのほかの都市の知性』）の邦訳である。

シャノン・マターンは、現在、米国ペンシルベニア大学・芸術史学部の映画メディア研究部門で学長特命教授（The Penn Presidential Compact Professor）を務める。本書の刊行当時は、ニューヨーク市にあるニュースクール大学・人類学部の教授だった。都市論やメディア論、デザイン人類学などを専門とし、本書でも幅広い分野の研究を参照している。

まず本書の概要を整理しておこう。

序章「都市とツリーとアルゴリズム」では、都市を階層的で秩序だった「ツリー状構造」としてとらえる視点が批判される。スマートシティ構想をはじめ、これまでの都市計画では、都市全体を制御可能な階層構造として一元的にデザインする「ツリー」のロジックが優勢だった。だがマターンは、そこでは計算不可能な要素が排除されていると指摘する。彼女が提起するのが「接ぎ木」という発想だ。都市では、古い制度の「台木」に次々と新しい異なる仕組みが接ぎ木されていく。その営みには、古代から人類が培ってきた知性や創造性がある。「スマート」に最初からあらたに都市をデザインしようとすると、それまで蓄積されてきた知が根こそぎ放棄される危険性がある。むしろその場所の歴史や経験に根ざし、都市という生態系の「強靭さ」を可能にしてきた「台木」を護る必要がある。

第一章「都市のコンソール」では、ツリー状構造の典型である都市の「オペレーションセンター」が検討される。都市で起きるさまざまな出来事をデータ化し、巨大なディスプレイやダッシュボードに表示する。そこには、情報を集中的に管理しさえすればうまくいくという「ダッシュボードの夢」があった。だが表示される情報は、どんなに論理性があるように見えても、都合のよい取捨選択がなされている。偏見や差別にもとづく可能性もある。ダッシュボードのデータは、現実の正確な反映ではない。むしろその部分的で縮約された情報が、利用者やコミュニティのものの見方を構築してしまう。たとえば、警察のコントロールセンターは、根強い人種差別的な固定観念を強化してきた。利用者が物事の理解の仕方の多様性を体験し、根底にある知識論や政治力学（情報がどのような方法で収集され、誰の利益のために利用されるのか）を認識できる装置をいかにつくりだすか。マターンは、既存のダッシュボードの背後に隠された政治性を利用者自身が把握し、別の価値観にもとづくあらたなプラットフォームを考案していく可能性を探る。

第二章「都市はコンピューターではない」は、パンデミックの最中に起きたスマートシティ計画の頓挫の話からはじまる。インターネットから都市をつくる、と提唱したトロントのキーサイド地区の開発プロジェクトは、二〇二〇年五月に中止となった。ほかにも過去数年間に、アメリカの複数の都市をはじめ、韓国やアラブ首長国連邦など、いくつものスマートシティ構想が中断や中止を余儀なくされた。このコンピューティングの新技術から都市を構想する「コンピューター都市」の発想は、都市を知識の保管庫や情報の処理装置と考える、何千年も前から存在するイメージにまで遡る。だがその情報処理には、人間が織りなす複雑な秩序が含まれており、歴史や偶然性に富んだ奥深いプロセスがある。それは、そもそも一元的に管理可能なものではない。簡単に収蔵できない「情報」もある。たとえば、ダンスや儀式、食、スポーツ、口承文化など、パフォーマンスをともなう知識形態は、人の心身やコミュニティに息づく都市の不可欠な知性の一部だ。都市の知性は「情報」という枠に収まらず、簡単に処理や計算されるものではない。私たちには、コンピューターではない都市について考える新しいモデルや用語が必要である。

第三章「公共の知」では、都市における図書館の役割というユニークな視点が提起される。そこにはシアトル公立図書館を対象とした博士論文研究以来のマターンの問題意識が貫かれている。図書館は、スマートシティ構想でも、市民がデジタル技術を学び、自動化サービスに慣れるためのプラットフォームとして期待されてきた。だが彼女は、スマートシティでは無視され、差別や偏見の対象となりがちな、社会的弱者を包摂する知識／社会インフラとして、図書館を再構築する方向性を目指す。ニューヨーク市のショーンバーグ黒人文化研究センターは、アフリカ系アメリカ人などの歴史経験に関する資料や作品を収蔵して、都市形成に寄与してきた多様な知識を蓄積している。まさに商業主義とも国家の思惑とも異なる知の拠点だ。図書館員は情報を批判的に吟味する情報リテラシーを身につけてきた。利用者が図書館の資料にアクセスする際も、この批判的な目線からガイド役となれる。図書館は、都市やコミュニティが自ら定義したいと望む価値観を具現化できる場所である。多くの課題はあるものの、図書館にはすべての人に開かれた公共インフラとしての潜在性がある。

第四章「メンテナンス作法」では、都市は設計・建築されるというより、メンテナンスされるものだ、という議論が展開される。政治家や企業家が「イノベーション」や「破壊と創造」を訴えるなかで、メンテナンスという概念が、さまざまな学問分野で注目されてきた。マターンは、とりわけ女性の仕事の伝統や黒人フェミニズム思想、家事や生殖労働など、これまで価値が認められてこなかった営みに目を向けるよう促す。そこには、物理的な修繕だけでなく、人間の感情と身体のケアが含まれる。ケアとは個人的なだけではなく、構造的で政治的な資源でもある。だがケアする存在はときに悪条件で過剰な負担を強いられる。しかも人間世界のケアが自然の生態系のケアと相反する場合もある。メンテナーへのケアを考え、大量生産・大量消費ではなく、修理やリサイクルの価値をとり戻していく。デジタル化された世界のアプリやデータのメンテナンスも欠かせない。真に公平で社会的弱者や環境に配慮した責任あるシステムを構築するためにも、メンテナンスの視点が重要になる。

終章「プラットフォームと接ぎ木と樹上の知性」では、アメリカ史上最大規模の民間不動産開発プロジェクト〈ハドソン・ヤード〉の話からはじまる。ニューヨーク市をブランド価値のある「企業都市」にし、エリート主義で実力主義的な「高級な成果物」にすることが目指された。まさに未来の都市をまっさらなプラットフォーム上に築き上げようとするツリー都市の典型だ。だが景観デザインを担当した企業は、浅い土壌に生命を接ぎ木し、人工的な景観をケアするための「スマートソイル」を導入した。この土壌を収益性ではなく、栄養を届け、水を貯え、植物間のコミュニケーションネットワークを形成する知的な存在としてとらえる視点が、いかに環境正義と社会正義の関係を考えさせる「接ぎ木」になりうるのか。マターンはこの終章で、さまざまな事例をあげながら思考をめぐらせる。背景には、パンデミックの最中、世界中の人びとが都市の緑地空間を、人間の知性を超えた、心身の健康に欠かせない知性が体現される場として感じるようになった経験がある。環境や社会的弱者を包摂する土地に根ざした知見を、公共図書館やコミュニティに蓄えられた知識実践をもとに活用する。生態系の流れへの感性を高めるデザインを考案し、反ダッシュボード的なさまざまな要素の絡まり合いを可視化する。植樹がもつ多様な価値をとらえ、その不公平な配分につながる政治文化を把握する野生の地図帳を作成する。それらの試みは、どんな都市もスーパーコンピューターよりはるかに賢明な別の知性へと接ぎ木されうることを示している。

さて、ここまでのマターンの議論への理解を深めるために、その基盤にある現代人類学の二つの潮流を紹介しておこう。本書でも言及されている、アナ・チンとアルトゥーロ・エスコバルがその代表的な人類学者の二人だ。

アナ・チンは、『マッタケ』（赤嶺淳訳、みすず書房）で、世界が複数種によって「制作」されていると論じ、その複雑な営みの連関から資本主義が駆動されている状況を描き出した。これまで人間の文化を研究してきた文化人類学が、人間と人間以外の複数種の絡まりとして世界をとらえる。それが「マルチスピーシーズ民族誌」という潮流である。人間が文化や社会を創造する。このあたりまえに思える理解には、人間中心主義的な前提がある。現代の人類学は、人間だけではないものたちが世界を構築していることをあきらかにして、人間中心主義（とその背後にある西洋中心主義）を脱却しようとしてきた。この視点は、本書の終章で提示される、土壌や樹木が体現する別の知性から都市を考える議論につながっている。
アルトゥーロ・エスコバルの『多元世界に向けたデザイン』（水野大二郎ほか監訳、BNN）は、デザイン人類学の画期的な著作として注目されてきた。エスコバルは、近代デザインが持続不可能な地球規模の危機を生み出してきたことを批判し、それとは異なる複数の世界創造の実践としてデザインをとらえなおした。彼は、従来の建築家やデザイナーによるトップダウン型の近代デザインから、その土地に根ざした知識を取り込む参加型で自治的／自律的なデザインへの移行を提案する。このマターンの議論にも通じる問題意識の根底には、一元的な価値軸（家父長制資本主義や植民地主義）に収斂（しゅうれん）する「ひとつの世界」からなる近代主義／西洋中心主義をのりこえようとする意図がある。それが「存在論的転回」という、異なる存在論で構成された多元世界を前提にする人類学の潮流だ。

本書でもたびたび「存在論」が言及されている（七〇頁など）。たとえば、都市をダッシュボードでモニタリングすることは、都市の状況をいかに把握するか、という「認識論」の次元にとどまらない。その行為は、そもそも都市とは何であり、何でないのか、という「存在論」の次元にあり、私たちがどういう世界に生きているか自体を変えてしまう。デザインも、たんに商品や建築物の意匠を変えているだけではない。人間のあり方、世界のあり方そのものを一変させているのだ。

人間と自然の二分法を前提とする近代主義は、ひとつの自然と多様な文化という枠組みに依拠してきた。単一の「自然」は科学によって解明され、操作される対象物であり、それとは異なる人間の創造性の領域に「文化」が位置する。この近代主義の観点では、「文化」はあくまで自然をどう認識するかという「認識論」に還元され、もっとも正確な「認識」を科学が担うことになる。だが、アナ・チンが描いたように、複数種がこの世界をともに「制作」しているとしたら、人間と自然（非人間）の二分法が成り立たないばかりか、ひとつの自然と多様な文化という構図も成り立たなくなる。そもそも科学は、科学にもとづくひとつの世界をつくりだしており、「異文化」とされてきた場所には、また違う世界が制作されている。これまで価値を認められてこなかった別の知性から都市をとらえなおそうとするマターンの視点にも、この存在論的転回といわれる潮流が大きく関わっている。

マターンは、本書で一貫して「スマートシティ」のような、都市をまっさらなプラットフォーム上に一元的な構造をもつ構築物としてデザインしていく設計主義の限界を指摘している。計算可能なアルゴリズムにもとづくコンピューター的な知性とは異なる知があり、人間だけではない複数種が暮らす都市は、そういう複数の異なる（人間だけに担われているわけではない）知性で維持されてきた。この彼女の斬新な都市論は、科学やテクノロジーが何よりも正確に世界を把握できるのだという過信を戒め、その視点に潜む社会的弱者への差別や偏見、自然の生態系への無理解を克服しようとしている。

本書で提示された「接ぎ木」は、人類学者のクロード・レヴィ＝ストロースが『野生の思考』（大橋保夫訳、みすず書房）で言及している「ブリコラージュ」（あり合わせのものを組み合わせる「器用仕事」）とつながっている。レヴィ＝ストロースは「未開社会」とされてきた人びとに、西洋科学とは異なる「具体の科学」という別の知性があると指摘し、西洋中心主義への明確なアンチテーゼを突きつけた。本書は、かならずしも人類学者による人類学の都市論ではない。だが、その思考の根底には、人類学がのりこえようと長年にわたって格闘してきた西洋中心主義／人間中心主義への挑戦の歴史が織り込まれている。

図38　© Mierle Laderman Ukeles
Courtesy Ronald Feldman Gallery, New York
図39　Photo by Tony Hafkenscheid. Courtesy of Kader Attia
図40　Photo by Carlos Avendaño
図41　Fair use
図42　Smithsonian Asian Pacific American Center, CTRL+ALT culture lab, New York, 2016. Photos courtesy of Wiena Lin
図43　Photo by Lauren Gardner
図44　Courtesy of Caroline Sinders
図45~47　Photos by the author

図版クレジット

図1　Photo by Uri Rosenheck. Wikimedia. Public Domain
図2, 3　Public domain
図4　© 2018 Harvard Mellon Urban Initiative
図5　Reprint Courtesy of IBM Corporation ©
図6　Fair use
図7　Courtesy of the Museum of American Finance, New York City
図8　© CARTO
図9　© CARTO
図10　Public domain
図11　Courtesy of Salesforce
図12　Fair use
図13　2nd_Order_Effect, Flickr, CC BY-NC-SA 2.0
図14　US Air Force, via National Museum of the US Air Force
図15　danielstirland, via Wikipedia. Public Domain
図16　Sunlight Stringer, Flickr, CC BY-NC 2.0
図17　Public domain
図18　Courtesy of Lydia Jessup
図19, 20　Photos by the author
図21　Courtesy of Christoph Morlinghaus
図22　Courtesy of Ungers Archiv für Architekturwissenschaften, Cologne
図23　Photo by Mobilus in Mobili. Flickr, CC BY-SA 2.0
図24　Vadelmavene. ALA Architects. CC BY-SA 4.0
図25　Ninaras. CC BY 4.0
図26~29　Photos by the author
図30　Courtesy of the Bubbler at Madison Public Library
図31　Photo by Minu Han. Courtesy of Han and Mimi Onuoha
図32　Photo by Rhododendrites. Wikimedia. CC BY-SA 4.0
図33　Photo by the author
図34　Photo by Bryan Alexander. Flickr. CC BY 2.0
図35　Courtesy of Nina Katchadourian, Catharine Clark Gallery, and Pace Gallery
図36　Images courtesy of Ilana Harris-Babou
図37　© Mierle Laderman Ukeles
Courtesy the artist and Ronald Feldman Gallery, New York

本書の原注と謝辞は https://www.hayakawa-online.co.jp/smartcity/ よりご覧いただけます。

訳者略歴
依田光江（よだ・みつえ）
外資系IT企業勤務を経て、翻訳業を開始。訳書に、グリーン『一流投資家が人生で一番大切にしていること』、ロス『99パーセントのための社会契約』（以上早川書房刊）、クリステンセン他『イノベーションの経済学』『ジョブ理論』、ジェリッシュ『スマートマシンはこうして思考する』など多数。

著者略歴

1976年生まれ。ニューヨーク大学博士課程修了（文化・コミュニケーション学）。ニュースクール大学教授（人類学・メディア研究）などを経て、現在はペンシルベニア大学学長特命教授（メディア研究・美術史）。専門分野はメディア・アーキテクチャー、情報インフラストラクチャー、都市技術など。図書館、空間認識、建築、アーバニズム、ランドスケープなどに関する記事を多数寄稿。ニューヨーク在住。

ハヤカワ新書　034

スマートシティはなぜ失敗(しっぱい)するのか
都市の人類学

二〇二四年十月　二十　日　初版印刷
二〇二四年十月二十五日　初版発行

著　者　シャノン・マターン
訳　者　依田(よだ)光江(みつえ)
発行者　早　川　　浩
印刷所　株式会社精興社
製本所　株式会社フォーネット社
発行所　株式会社　早川書房
東京都千代田区神田多町二ノ二
電話　〇三‐三二五二‐三一一一
振替　〇〇一六〇‐三‐四七七九九
https://www.hayakawa-online.co.jp

ISBN978-4-15-340034-4 C0230
Printed and bound in Japan

定価はカバーに表示してあります
乱丁・落丁本は小社制作部宛お送り下さい。
送料小社負担にてお取りかえいたします。

未知への扉をひらく

「ハヤカワ新書」創刊のことば

誰しも、多かれ少なかれ好奇心と疑心を持っている。

そして、その先に在る納得が行く答えを見つけようとするのも人間の常である。それには書物を繙いて確かめるのが堅実といえよう。インターネットが普及して久しいが、紙に印字された言葉の持つ深遠さは私たちの頭脳を活性して、かつ気持ちに余裕を持たせてくれる。

「ハヤカワ新書」は、切れ味鋭い執筆者が政治、経済、教育、医学、芸術、歴史をはじめとする各分野の森羅万象を的確に捉え、生きた知識をより豊かにする読み物である。

早川 浩